Pacemaker. Clusters de Alta Disponibilidad para Servidores Virtualizados

Septiembre de 2015

Aurelio Rubio Sapiña   Juan Vicente Capella Hernández

Resumen

Este documento esta licenciado por Aurelio Rubio Sapiña con una licencia Creative Commons. Esta licencia permite el uso de esta obra siempre que se haga referencia de su autoría original. Si distribuyes este documento o una versión modificada del mismo deberás hacer mención al autor del mismo y facilitar un link o referencia para acceder al original.

Para poder obtener más información sobre esta licencia Creative Commons puede visitar.

http://creativecommons.org/licenses/by/4.0/deed.es_ES

Licencia completa en: http://creativecommons.org/licenses/by/4.0/legalcode

Nota Legal

A lo largo del libro se presentarán nombres y marcas comerciales como las que se indican a continuación:

Red Hat, Red Hat Enterprise Linux, Red Hat Cluster Services, the Shadowman logo, JBoss, MetaMatrix, Fedora, the Infinity Logo, and RHCE are trademarks of Red Hat, Inc., registered in the United States and other countries.

CentOS. The CentOS Marks are trademarks of Red Hat, Inc. (Red Hat).

GFS2. Global File System 2. Red Hat (Sistina Software)

DRBD. DRBD® and the DRBD® logo are trademarks or registered trademarks of LINBIT® in Austria, the United States and other countries.

Pacemaker. Pacemaker programs are licensed under the GPLv2+

Linux ® es una marca registrado por Linus Torvalds en EEUU y otros paises.

Corosync. The Corosync Development Community. License "New BSD License"

KVM. KVM is open source software.

Todas estas marcas o cualquier otra marca comercial que pueda ser nombra en este libre es propiedad de sus respectivos propietarios.

Objetivos

Este libro no pretende ser un manual de estudio ni una guía de preparación para exámenes como LPIC-304.

Mi principal interés al realizar esta guía práctica para crear clusters de alta disponibilidad en los que poder virtualizar servidores, viene motivado por la necesidad de unir en un solo documento cada uno de los componentes que se precisan e intentar comprenderlos tanto por separado como funcionando conjuntamente. Y como no, disponer para mi y para todos aquellos interesados de dicha documentación en mi propia lengua, cosa que supongo que al igual que a un servidor, facilitará su comprensión a mucha más gente.

Estructura del libro

En el libro podemos diferenciar 4 partes:

I. Teoría: Esta parte muestra una visión teórica de las tecnologías que se van a usar.

II. Práctica: Esta parte expone de manera práctica y detallada cada uno de los puntos de nuestro sistema final.

III. Guía rápida: Esta parte pretende ser una pequeña y rápida guía para montar un sistema completo centrándonos sólo en los puntos clave del mismo.

IV. Anexos: Esta parte amplía mediante unos anexos la documentación ofrecida indicando configuraciones para otras versiones de las herramientas usadas y adicionales para la gestión de los componentes definidos en los otros capítulos.

Prácticamente todo el libro esta orientado al montaje y puesta en marcha de un cluster mínimo de 2 nodos en el cual poder ejecutar servidores virtualizados. La segunda parte trata este desarrollo desde la premisa de que vamos a montar los dos nodos simultáneamente y en la tercera parte (guía rápida), desarrolla el mismo concepto pero trabajando primero sobre un solo nodo al que añadiremos más adelante un segundo nodo.

Al final de la segunda parte también desarrollaremos una práctica que nos indicará como poder escalar nuestro cluster desde dos nodos a los 128 que actualmente admiten las herramientas que vamos a usar.

Reconocimientos

Este libro ha sido posible gracias a la colaboración de mi esposa Mamen, el apoyo de mis compañeros y la inestimable gestión de mi amigo JuanVi. Sin todos ellos esto hubiese resultado mucho más complicado y laborioso.

Espero que os sea útil esta guía, y toda la documentación que contiene. Por favor, envíame cualquier sugerencia o error que detectes.

ISBN 978-1-326-35859-4

11 de septiembre de 2015

Aurelio Rubio
aurusa@upvnet.upv.es

Índice general

Resumen   III

Índice general   VII

1 Clusters. Conceptos básicos   1
    1.1 Componentes de un Cluster. 1
    1.2 Tipos de Clusters 2
       1.2.1 Clusters de Alta Disponibilidad (HA, high availability). 2
       1.2.2 Clusters de Alto Rendimiento (HP, high performance) 2
       1.2.3 Clusters de Balanceo de Carga (LB, Load Balancing). 2
    1.3 Alta Disponibilidad. 3
    1.4 Clusters de Alta Disponibilidad. 4
       1.4.1 Configuraciones de Alta Disponibilidad 5
    1.5 Funcionamiento de un cluster de Alta Disponibilidad 6
    1.6 Soluciones Open Source de Clustering HA 8

2 Pacemaker como gestor de Clusters de HA   11
    2.1 Características. 11
    2.2 Componentes. 12

3 Sistema Operativo de los nodos   13

4 Instalación S.O. (CentOS 7)   15
    4.1 Instalación CentOS 7 15

4.2 Instalación desatendida 22
    4.2.1 Instalación desde CD 24
    4.2.2 Instalación desde red. 24
    4.2.3 Configurar la ubicación del archivo ks en la iso de instalación. 24
4.3 Crear USB de instalación. 26

5 Configuración S.O. (CentOS 7)   27

5.1 Nombrar nodos 27
5.2 Configurar interfaces de red 28
5.3 Firewall y SELinux. 31
    5.3.1 Configurar bonding (vinculación), port trunking o link aggregation 33
5.4 Configuramos acceso ssh 35
5.5 Sincronización del tiempo 35

6 Instalación de Pacemaker   39

6.1 Instalar y Configurar. 39
6.2 Fence Devices 44
6.3 Configurar STONITH 44
    6.3.1 Propiedades de los dispositivos de fencing. 45
6.4 Deshabilitando STONITH 46
6.5 Probar fencing 49
6.6 Otras configuraciones del archivo /etc/corosync/corosync.conf 50
    6.6.1 Configurar totem 50
    6.6.2 Múltiples anillos 51
    6.6.3 Cluster de 2 nodos 51
    6.6.4 Otras propiedades y opciones del Cluster 52

7 Almacenamiento   55

7.1 Hardware. Sistemas de Almacenamiento. 55
    7.1.1 SAN. 55
    7.1.2 NAS. 56
    7.1.3 DAS. 56
    7.1.4 DRBD 56
    7.1.5 Comparativa. 56

7.2 Hardware. Discos Duros.	59
7.2.1 SAS	59
7.2.2 SATA	60
7.2.3 SSD	60
7.2.4 Comparativa.	61
7.3 Software. Sistemas de ficheros.	62
7.3.1 Comparativa.	63

8 DRBD (v8.4)   67

8.1 Opción 1. Instalación desde código	67
8.2 Opción 2. Instalación desde repositorio externo	70
8.3 Crear partición.	70
8.4 Configuración	71
8.5 Inicializar los discos	77

9 Virtualización   79

9.1 Virtualización de Hardware.	80
9.2 Virtualización de Aplicaciones	81
9.3 Virtualización de Escritorios.	82
9.4 Hipervisor	83
9.5 Tecnología Intel VT-x o AMD-V de virtualización por Hardware	84
9.6 Ventajas e inconvenientes de la virtualización	85
9.7 Herramientas de virtualización	86
9.7.1 KVM	87
9.7.2 OpenVZ.	87
9.7.3 VirtualBox	87
9.7.4 VMware	87
9.7.5 Xen	87
9.8 Comparativa de las principales herramientas de virtualización	88
9.8.1 VMWare	88
9.8.2 VirtualBox	89
9.8.3 XEN.	90
9.8.4 QEMU/KVM	91

10 KVM 93

    10.1 Instalar 93

    10.2 Configurar los Bridge para el acceso desde las MV's 93

    10.3 Crear Pool para MV's 95

        10.3.1 Método 1 98

        10.3.2 Método 2. Crear Pool usando virt-manager 99

        10.3.3 Crear red virtual usando virt-manager 100

    10.4 Crear MV's 102

        10.4.1 Paso a Paso con virt-manager 104

    10.5 Backups de MV's 118

11 Configurar recursos del Cluster 121

    11.1 Instalar y configurar cLVM y GFS2 122

    11.2 Configurar recurso DRBD 125

    11.3 Configurar DLM 126

    11.4 Configurar Cluster LVM 127

    11.5 Configurar el sistema de ficheros 127

    11.6 Configurar las restricciones 127

    11.7 Configurar libvirtd 130

    11.8 Configurar MV's 131

    11.9 Conclusiones 132

12 Gestión del Cluster 133

    12.1 Iniciar/Parar Cluster 133

    12.2 Configurar Pacemaker para que se inicie en el arranque del sistemas 133

    12.3 Iniciar/Parar recursos 133

    12.4 Iniciar un recurso en modo debug 134

    12.5 Migración MV's en caliente 134

    12.6 Mostrar la configuración 134

    12.7 Mostrar el estado actual del cluster 134

    12.8 Poner/Quitar un nodo de standby 134

    12.9 Borrar un recurso 134

    12.10 Modificar un recurso 135

    12.11 Borrar un parámetro de un recurso 135

12.12	Recargar configuración desde archivo	135
12.13	Copiar configuración al resto de nodos	135
12.14	Opciones para realizar copias/backups de la configuración de pacemaker	135
12.15	Otras opciones	136
12.16	Solución de problemas	136
12.17	Simulación fallo de un nodo	137

13 Escalabilidad 139

13.1	Configurar recursos	142
	13.1.1 Instalar iSCSI	142
	13.1.2 Conectarse a un target iSCSI	142
	13.1.3 Configurar DLM	143
	13.1.4 Configurar el sistema de ficheros	143
	13.1.5 Configurar libvirtd	143
	13.1.6 Configurar restricciones	144
	13.1.7 Configurar MV's	144

14 Seguridad 145

14.1	SELinux	145
14.2	Configuración firewall	147
14.3	Usuarios de Pacemaker	147
14.4	Acceso remoto a la consola de las Mvs con virt-manager	147

Anexos 148

A Guía Rápida 151

A.1	Guía Rápida de Configuración. Nodo 1	151
	A.1.1 Nombrar nodos	151
	A.1.2 Configurar interfaces de red	152
	A.1.3 Firewall y SELinux	154
	A.1.4 Configuramos acceso ssh	155
A.2	DRBD (v8.4)	155
	A.2.1 Instalación desde código	155
	A.2.2 Crear partición	157
	A.2.3 Configuración	158
	A.2.4 Inicializar los discos	163

Índice general

- A.3 Virtualización 163
  - A.3.1 Instalar. 163
  - A.3.2 Configurar los Bridge para el acceso desde las MV's 164
- A.4 Pacemaker 165
  - A.4.1 Instalar y Configurar 165
  - A.4.2 Configurar STONITH. 169
  - A.4.3 Deshabilitando STONITH 171
- A.5 Configurar recursos del Cluster 171
  - A.5.1 Instalar y configurar GFS2. 171
  - A.5.2 Configurar recurso DRBD 172
  - A.5.3 Configurar DLM 173
  - A.5.4 Configurar el sistema de ficheros 173
  - A.5.5 Configurar las restricciones. 173
  - A.5.6 Configurar libvirtd. 174
  - A.5.7 Configurar MV's 174
- A.6 Guía Rápida de Configuración. Nodo 2 175
  - A.6.1 Nombrar nodos. 175
  - A.6.2 Configurar interfaces de red 175
  - A.6.3 Firewall y SELinux 178
  - A.6.4 Configuramos acceso ssh 178
- A.7 DRBD (v8.4) 179
  - A.7.1 Instalación desde código 179
  - A.7.2 Crear partición 181
  - A.7.3 Configuración 182
  - A.7.4 Inicializar los discos 182
- A.8 Virtualización 183
  - A.8.1 Instalar. 183
  - A.8.2 Configurar los Bridge para el acceso desde las MV's 184
- A.9 Pacemaker 185
  - A.9.1 Instalar y Configurar 185

B Componentes usados en el libro   **189**

- B.1 Descripción de los componentes 191
  - B.1.1 Cman (CentOS 6.5) 191
  - B.1.2 Quorum 191
  - B.1.3 Fencing. 191
  - B.1.4 Corosync. 192

      B.1.5 Totem 193

      B.1.6 Rgmanager (CentOS 6.5). 193

      B.1.7 Pacemaker. 193

      B.1.8 DRBD 194

      B.1.9 GFS2. 194

      B.1.10 Clustered LVM 196

      B.1.11 DLM 196

      B.1.12 KVM 196

      B.1.13 STONITH 196

B.2 Complejidad 196

C DRBD (principales parámetros)   199

C.1 Recursos y roles. 200

C.2 Configuración 200

      C.2.1 Metadatos. 200

      C.2.2 Configuración de la red 201

      C.2.3 dual-primary mode 201

      C.2.4 protocol 201

      C.2.5 Disco Backup (three-way replication) 202

      C.2.6 syncer 202

      C.2.7 al-extents 202

      C.2.8 Tuning recommendations. 203

C.3 DRBD y Pacemaker. 205

      C.3.1 resource-level fencing 205

C.4 DRBD y GFS2 205

      C.4.1 Políticas de recuperación automática de split-brain. 205

C.5 Uso de cLVM 206

D Herramientas Gráficas para gestionar Pacemaker   209

D.1 PCSD 209

D.2 Pygui. 214

D.3 Hawk. 214

D.4 LCMC 215

E Configuraciones para CentOS 6.5   217

E.1 Configuración del Cluster (CMAN RHEL 6.5) 217

E.2 Configurar GFS2 218
E.3 Configuración del almacenamiento en el cluster (cman/rgmanager). 219
E.4 Definir los recursos. 219
E.5 Crear Failover Domains. 220
E.6 Crear Servicios 222

F Ceph como sistema de almacenamiento 225
F.1 ¿ Que es Ceph ?. 225
F.2 Como funciona 226
F.3 RAID. 227
F.4 Ceph vs RAID. 227
    F.4.1 ¿ Rendimiento ? 228
    F.4.2 ¿ Escalabilidad ? 228
    F.4.3 ¿ Bajo Coste ? 229

Bibliografía 231

Índice alfabético 235

Capítulo 1

Clusters. Conceptos básicos

Un cluster es un grupo de múltiples ordenadores unidos mediante una red de alta velocidad, de tal forma que el conjunto es visto como un único ordenador más potente. Los cluster permiten aumentar la escalabilidad, disponibilidad y fiabilidad.

Un cluster puede presentarse como una solución de especial interés sobre todo a nivel de empresas, las cuales pueden aprovecharse de estas especiales características de computación para mantener sus equipos actualizados por un precio bastante más económico que el qué les supondría actualizar todos sus equipos informáticos y con unas capacidades de computación y disponibilidad.

1.1 Componentes de un Cluster.

Un sistema cluster esta formado por diversos componentes hardware y software:

- **Nodos**: Cada una de las máquinas que componen el cluster, pueden ser desde simples ordenadores personales a servidores dedicados, conectados por una red. Por regla general los nodos deben tener características similares: arquitectura, componentes, sistema operativo.

- **Sistemas Operativos**: Se utilizan sistemas operativos de tipo servidor con características de multiproceso y multiusuario, así como capacidad para abstracción de dispositivos y trabajo con interfaces IP virtuales.

- **Middleware de Cluster**: Es el software que actúa entre el sistema operativo y los servicios o aplicaciones finales. Es la parte fundamental del cluster donde se encuentra la lógica del mismo.

- **Conexiones de red**: Los nodos del cluster pueden conectarse mediante una simple red Fast Ethernet o utilizar tecnologías de red avanzadas como Gigabit Ethernet, Infiniband, Myrinet, SCI, etc.

- **Protocolos de comunicación**: Definen la intercomunicación entre los nodos del cluster.

- **Sistema de almacenamiento**: El almacenamiento puede ir desde sistemas comunes de almacenamiento interno del servidor a redes de almacenamiento compartido NAS o SAN.

- **Servicios y aplicaciones**: Son aquellos servicios y aplicaciones a ejecutar sobre el cluster habitualmente.

1.2 Tipos de Clusters

1.2.1 Clusters de Alta Disponibilidad (HA, high availability)

Los clusters de alta disponibilidad tienen como propósito principal brindar la máxima disponibilidad de los servicios que ofrecen. Esto se consigue mediante software que monitoriza constantemente el cluster, detecta fallos y permite recuperarse frente a los mismos.

1.2.2 Clusters de Alto Rendimiento (HP, high performance)

Estos clusters se utilizan para ejecutar programas paralelizables que requieren de gran capacidad computacional de forma intensiva. Son de especial interés para la comunidad científica o industrias que tengan que resolver complejos problemas o simulaciones. Utilizando clustering, podemos crear hoy en día supercomputadores con una fracción del coste de un sistema de altas prestaciones tradicional.

1.2.3 Clusters de Balanceo de Carga (LB, Load Balancing)

Este tipo de cluster permite distribuir las peticiones de servicio entrantes hacia un conjunto de equipos que las procesa. Se utiliza principalmente para servicios de red sin estado, como un servidor web o un servidor de correo electrónico, con altas cargas de trabajo y de tráfico de red. Las características más destacadas de este tipo de cluster son su robustez y su alto grado de escalabilidad.

1.3 Alta Disponibilidad

Cuando hablamos de **Alta disponibilidad** (High availability) hacemos referencia a un protocolo de diseño del sistema y su implementación asociada que asegura un determinado grado de continuidad operacional durante un período de medición dado. Disponibilidad se refiere a la habilidad de la comunidad de usuarios para acceder al sistema, utilizar sus servicios, lanzar nuevos trabajos, actualizar o alterar trabajos existentes o recoger los resultados de trabajos previos. Si un usuario no puede acceder al sistema se dice que está no disponible. El término tiempo de inactividad (downtime) es usado para definir cuándo el sistema no está disponible.

Podemos diferenciar entre tiempo de inactividad planificado (aquel que es imprescindible por actualizaciones del sistema, configuraciones y reinicios) y el tiempo de inactividad no planificado que surgen a causa de algún evento físico, tales como fallos en el hardware o anomalías ambientales. Ejemplos de eventos con tiempos de inactividad no planificados incluyen fallos de potencia, fallos en los componentes de CPU o RAM, una caída por recalentamiento, una ruptura lógica o física en las conexiones de red, rupturas de seguridad catastróficas o fallos en el sistema operativo, aplicaciones y middleware. Muchos puestos computacionales excluyen tiempo de inactividad planificado de los cálculos de disponibilidad, asumiendo, correcta o incorrectamente, que el tiempo de actividad no planificado tiene poco o ningún impacto sobre los usuarios. Excluyendo tiempo de inactividad planificado, muchos sistemas pueden reclamar tener alta disponibilidad, lo cual da la ilusión de disponibilidad continua. Sistemas que exhiben verdadera disponibilidad continua son comparativamente raros y caros, ellos tienen diseños cuidadosamente implementados que eliminan cualquier punto de fallo y permiten que el hardware, la red, el sistema operativo, middleware y actualización de aplicaciones, parches y reemplazos se hagan en línea.

Por otro lado, la **Disponibilidad** es usualmente expresada como un porcentaje del tiempo de funcionamiento en un año dado.

En un año dado, el número de minutos de tiempo de inactividad no planeado es registrado para un sistema, el tiempo de inactividad no planificado agregado es dividido por el número total de minutos en un año (aproximadamente 525.600) produciendo un porcentaje de tiempo de inactividad; el complemento es el porcentaje de tiempo de funcionamiento el cual es lo que denominamos como disponibilidad del sistema. Valores comunes de disponibilidad, típicamente enunciado como número de "nueves" para sistemas altamente disponibles son:

disponibilidad = t.disponible / (t.disponible + t.inactivo)

99,9 % = 43.8 minutos/mes u 8,76 horas/año ("tres nueves")

99,99 % = 4.38 minutos/mes o 52.6 minutos/año ("cuatro nueves")

99,999 % = 0.44 minutos/mes o 5.26 minutos/año ("cinco nueves")

Es de hacer notar que tiempo de funcionamiento y disponibilidad no son sinónimos. Un sistema puede estar en funcionamiento y no disponible como en el caso de un fallo de red. Se puede apreciar que estos valores de disponibilidad son visibles mayormente en documentos de ventas o marketing, en lugar de ser una especificación técnica completamente medible y cuantificable.

También tenemos otros conceptos tales como el **tiempo de recuperación** que esta cercanamente relacionado con la disponibilidad y es el tiempo total requerido para un apagón planificado o el tiempo requerido para la recuperación completa de un apagón no planificado. El tiempo de recuperación puede ser infinito con ciertos diseños y fallos del sistema, recuperación total es imposible. Uno de tales ejemplos es un incendio o inundación que destruye un centro de datos y sus sistemas cuando no hay un centro de datos secundario para recuperación frente a desastres.

Otro concepto relacionado es **disponibilidad de datos**, que es el grado para el cual las bases de datos y otros sistemas de almacenamiento de la información que registran y reportan fielmente transacciones del sistema. Especialistas de gestión de la información frecuentemente enfocan separadamente la disponibilidad de datos para determinar perdida de datos aceptable o actual con varios eventos de fracasos. Algunos usuarios pueden tolerar interrupciones en el servicio de aplicación pero no perdida de datos

Paradójicamente, añadiendo más componentes al sistema total puede socavar esfuerzos para lograr alta disponibilidad. Esto es debido a que sistemas complejos tienen inherentemente más puntos de fallos potenciales y son más difíciles de implementar correctamente. La mayoría de los sistemas altamente disponibles extraen a un patrón de diseño simple: un sistema físico multipropósito simple de alta calidad con redundancia interna comprensible ejecutando todas las funciones interdependientes emparejadas con un segundo sistema en una localización física separada.

1.4 Clusters de Alta Disponibilidad

Para conseguir redundancia y protección contra fallos en un sistema, la primera medida a tomar suele ser replicar sus componentes hardware más críticos. Por ejemplo discos duros, fuentes de alimentación, interfaces de red, etc. Estas medidas aumentan el nivel de disponibilidad de un sistema, pero para conseguir un nivel aún más alto, se suelen utilizar configuraciones de hardware y software (clusters de Alta Disponibilidad).

Un Cluster de Alta Disponibilidad es un conjunto de dos o más servidores, que se caracteriza por compartir el sistema de almacenamiento y porque están constantemente monitorizándose entre sí. Si se produce un fallo de hardware o de los servicios de alguna de las maquinas que forman el cluster, el software de alta disponibilidad es capaz de rearrancar automáticamente los servicios que han fallado en cualquiera de los otros equipos del cluster. Y cuando el servidor que ha fallado se recupera, los servicios se migran de nuevo a la máquina original.

Además de paracaídas de servicio no programadas, la utilización de clusters es útil en paradas de sistema programadas como puede ser un mantenimiento hardware o una actualización software.

En general las razones para implementar un cluster de alta disponibilidad son:

- Aumentar la disponibilidad
- Escalabilidad
- Tolerancia a fallos
- Reducción tiempos de recuperación ante fallos

1.4.1 Configuraciones de Alta Disponibilidad

Las configuraciones más comunes en este tipo de entornos son activo/activo y activo/pasivo.

Configuración Activo/Activo

En una configuración activo/activo, todos los servidores del cluster pueden ejecutar los mismos recursos simultáneamente. Es decir, todos los servidores poseen los mismos recursos y pueden acceder a estos independientemente de los otros servidores del cluster. Si un nodo del sistema falla y deja de estar disponible, sus recursos siguen estando accesibles a través de los otros servidores del cluster.

La ventaja principal de esta configuración es que los servidores en el cluster son más eficientes ya que pueden trabajar todos a la vez. Sin embargo, cuando uno de los servidores deja de estar accesible, su carga de trabajo pasa a los nodos restantes, lo que puede producir una sobrecarga del servidor que sigue en pie y por lo tanto una degradación en los servicios ofrecidos.

Configuración Activo/Pasivo

Un cluster de alta disponibilidad en una configuración activo/pasivo, consiste en un servidor que posee los recursos del cluster y otros servidores que son capaces de acceder a esos recursos, pero no los activan hasta que el propietario de los recursos ya no este disponible.

Las ventajas de la configuración activo/pasivo son que no hay degradación de servicio y que los servicios sólo se reinician cuando el servidor activo deja de responder. Sin embargo, una desventaja de esta configuración es que los servidores pasivos no proporcionan ningún tipo de recurso mientras están en espera, haciendo que la solución sea menos eficiente que el cluster de tipo activo/activo.

1.5 Funcionamiento de un cluster de Alta Disponibilidad

En un cluster de alta disponibilidad, el software de cluster realiza dos funciones fundamentales. Por un lado intercomunica entre sí todos los nodos, monitorizando continuamente su estado y detectando fallos. Y por otro lado administra los servicios ofrecidos por el cluster, teniendo la capacidad de migrar dichos servicios entre diferentes servidores físicos como respuesta a un fallo.

A continuación se describen los elementos y conceptos básicos en el funcionamiento del cluster.

Comunicación entre nodos

El software de cluster gestiona servicios y recursos en los nodos además de mantener continuamente entre estos una visión global de la configuración y estado del cluster. De esta forma, ante el fallo de un nodo, el resto conoce que servicios se deben restablecer.

Dado que la comunicación entre los nodos del cluster es crucial para el funcionamiento de este, es recomendable utilizar una conexión independiente, que no se pueda ver afectada por problemas de seguridad o rendimiento.

Heartbeat

El software de cluster conoce en todo momento la disponibilidad de los equipos físicos, gracias a la técnica de heartbeat. El funcionamiento es sencillo, cada nodo informa periódicamente de su existencia enviando al resto una "señal de vida".

Escenario Split-Brain

El split-brain se produce cuando más de un servidor o aplicación pertenecientes a un mismo cluster intentan acceder a los mismos recursos, lo que puede causar daños a dichos recursos. Este escenario ocurre cuando cada servidor en el cluster cree que los otros servidores han fallado e intenta activar y utilizar dichos recursos.

Monitorización de Recursos (Resource Manitoring)

Ciertas soluciones de clustering HA permiten no sólo monitorizar si un host físico esta disponible, también pueden realizar seguimientos a nivel de recursos o servicios y detectar el fallo de estos.

Reiniciar Recursos

Cuando un recurso falla, la primera medida que toman las soluciones de cluster es intentar reiniciar dicho recurso en el mismo nodo. Lo que supone detener una aplicación o liberar un recurso y posteriormente volverlo a activar.

Migración de Recursos (Failover)

Cuando un nodo ya no está disponible o cuando un recurso fallido no se puede reiniciar satisfactoriamente en un nodo, el software de cluster reacciona migrando el recurso o grupo de recursos a otro nodo disponible en el cluster.

Dependencia entre recursos

Los recursos y servicios del cluster se pueden agrupar según necesidades y/o dependencia entre ellos, obligando al cluster a gestionar las acciones pertinentes sobre todos ellos simultáneamente.

Preferencia de Nodos (Resource Stickiness)

Podemos encontrarnos en casos en los que ciertos servicios o recursos debamos ejecutarlos en un cierto nodo del cluster o por cualquier motivo sea más interesante priorizar la ejecución de dicho recurso o servicio en unos nodos u otros. Para ello se pueden establecer preferencias que gestionen estas prioridades.

Fencing

En los clusters HA existe una situación donde un nodo deja de funcionar correctamente pero todavía sigue levantado, accediendo a ciertos recursos y respondiendo peticiones. Para evitar que el nodo corrompa recursos o responda con peticiones, los clusters lo solucionan utilizando una técnica llamada Fencing.

La función principal del Fencing es hacerle saber a dicho nodo que esta funcionando en mal estado, retirarle sus recursos asignados para que los atiendan otros nodos y dejarlo en un estado inactivo.

Quorum

La comunicación dentro de un cluster puede sufrir problemas que pueden derivar en situaciones de Split-Brain. Para evitar estas situaciones se puede introducir un sistema de votaciones para evaluar la situación de cada nodo conjuntamente por la mayoría de nodos disponibles, así poder levantar los servicios y recursos en los nodos con mayoría y dejar inactivos los que estén en minoría.

1.6 Soluciones Open Source de Clustering HA

Existen muchos proyectos Open Source dedicados a proporcionar soluciones para Clusters de Alta Disponibilidad en Linux y teniendo en cuenta que actualmente las aplicaciones de clustering son bastante complejas, suelen constar de varios componentes, por lo que solemos encontrarnos en situaciones en las que una solución completa de clustering utiliza componentes de varios subproyectos.

A continuación vamos a describir algunos proyectos y componentes más importantes en la actualidad dentro del ámbito de clusters de Software Libre.

Proyecto Linux-HA y Heartbeat

El proyecto Linux-HA [HA004] tiene como objetivo proporcionar una solución de alta disponibilidad (clustering) para Linux.

Linux-HA se utiliza ampliamente y como una parte muy importante en muchas soluciones de Alta Disponibilidad. Desde que comenzó en el año 1999 a la actualidad, sigue siendo una de las mejores soluciones de software HA para muchas plataformas.

El componente principal de Linux-HA es Heartbeat, un demonio que proporciona los servicios de infraestructura del cluster (comunicación y membresía).

Para formar una solución cluster de utilidad, Heartbeat necesita combinarse con un Cluster Resource Manager (CRM), que realiza las tareas de iniciar o parar los recursos y dotar de alta disponibilidad.

En la primera versión de Linux-HA, se utiliza con Heartbeat un sencillo CRM que sólo erá capaz de administrar clusters de 2 nodos y detectar fallos a nivel de maquina. Con Linux-HA 2 se desarrolló un nuevo CRM más avanzado, que superaba dichas limitaciones. De este nuevo desarrollo surge el proyecto CRM Pacemaker.

Pacemaker CRM

Pacemaker [19] es un administrador/gestor de recursos de cluster open-source. Existe desde 2004 y cuenta con el soporte de RedHat y Novell para su desarrollo.

Pacemaker es compatible totalmente con Heartbeat, así como con los scripts de recursos existentes para este, también se ha adaptado el administrador gráfico Linux-HA para que funcione con Pacemaker.

Pacemaker esta disponible en la mayoría de las distribuciones Linux actuales, las cuales lo han adoptado como sucesor de Heartbeat.

OpenAIS

OpenAIS Cluster Framework es una implementación open source de la Application Interface Specification (AIS). Un conjunto de especificaciones para estandarizar el desarrollo de servicios e interfaces para la alta disponibilidad, desarrolladas por el Service Availability Forum.

Los principales beneficios de una solución de Cluster HA basado en las normas AIS son la mejora en portabilidad e integración, permite sistemas más escalables, la reducción de costes y reutilización de componentes.

Esta estandarización puede ser muy beneficiosa no sólo para los componentes principales del software o middleware de clustering, si no por el hecho de que el cluster sea capaz de monitorizar un mayor número de servicios y recursos con un API unificada. El proyecto OpenAIS implementa actualmente los componentes de infraestructura y membresía. Y es utilizado en soluciones completas de clustering como Pacemaker o RedHat Cluster.

RedHat Cluster Services

RedHat-Cluster Services es un proyecto de desarrollo open source de diferentes componentes de clustering para Linux. Dicho proyecto se basa casi en la totalidad del producto RedHat Cluster Suite para su distribución comercial Linux RHLE.

RedHat-Cluster es un conjunto de componentes que forman una solución de clustering HA completa y que utiliza un CRM propio llamado CMAN hasta la versión 6.5, a partir de la versión 7 se centra en el uso de Pacemaker y Corosync

Proxmox VE

Proxmox VE combina dos tecnologías de virtualización en la misma plataforma. Utiliza virtualización completa con KVM para sistemas windows y linux y containers con OpenVZ para ejecutar aplicaciones linux.

Proxmox VE se distribuye bajo licencia GNU AGPL v3 (Open Source), pero para poder actualizar desde sus repositorios hay que pagar el soporte dependiendo del número de servidores físicos que dispongamos y los sockets CPU de los mismos. Sus precios (Mayo 2015) oscilan entre 4,99 € por cpu/mes y los 66,33 € cpu/mes más impuestos y en su versión más económica, el soporte se ofrece a través de los foros públicos.

Proxmox VE, ofrece un interface web amigable para poder administrar el cluster, y por debajo usa herramientas como DRBD, KVM y Pacemaker.

Corosync

La arquitectura está basada en el uso de OpenAIS como componente de mensaje/membresía y CMAN como administrador de recursos (CRM). Así como otros componentes que proporcionan fencing, balanceo de carga o las propias herramientas de administración del cluster.

RedHat-Cluster también esta disponible para otras distribuciones Linux que no sean RedHat.

Corosync Cluster Engine

Corosync Cluster Engine [7] es un proyecto open source bajo la licencia BSD, derivado del proyecto OpenAIS. El objetivo principal del proyecto es desarrollar una solución de cluster completa, certificada por la OSI (Open Source Initiative), con soporte para Linux, Solaris, BSD y MacOSX.

El proyecto se inicia en Julio de 2008 y la primera versión estable Corosync 1.0.0 se lanzó en agosto de 2009.

Otros

Existen otros muchos proyectos dedicados a facilitar la instalación y configuración de clusters de alta disponibilidad. Por ejemplo el proyecto UltraMonkey, que combina LVS + Heartbeat + Ldirector, para proporcionar una solución de cluster HA y balanceo de carga. Así como otros proyectos de clusters de alta disponibilidad completos que han quedado descatalogados con los años, como el caso de Kimberlite o de OpenHA.

También hay varios proyectos muy interesantes para plataformas diferentes a Linux, como el caso del Open High Availability Cluster (OHAC) que es la versión OpenSource del Solaris Cluster de Sun Microsystems.

Soluciones comerciales

Dentro del ámbito empresarial, las compañías RedHat y Novell, ofrecen soluciones completas de clusters de alta disponibilidad basadas en los proyectos libres mencionados anteriormente.

Estos paquetes comerciales se venden como una solución completa de software libre más soporte anual, documentación y actualizaciones de seguridad.

Además, podemos encontrarnos con soluciones libres de XenServer y VMWare VSphere, pero que para obtener gran parte de las funcionalidades avanzadas dentro de un cluster, vamos a tener que optar por las versiones de pago de estas mismas aplicaciones.

Capítulo 2

Pacemaker como gestor de Clusters de HA

> *Un sistema de HA es posible sin un gestor de cluster, pero tener uno te puede ahorrar muchos dolores de cabeza [19].*

Pacemaker es un gestor de recursos de cluster Open Source. Existe desde 2004 y cuenta con el soporte de RedHat y Novell para su desarrollo.

Pacemaker esta disponible en la mayoría de las distribuciones Linux actuales, las cuales lo han adoptado como sucesor de Heartbeat.

Empresas como SUSE y Red Hat dan soporte de Pacemaker como parte de sus herramientas de Alta Disponibilidad y en su página oficial http://oss.clusterlabs.org/ podremos encontrar mucha documentación y guías de como usarlo, eso sí, la mayor parte de toda esta documentación es en inglés.

En este libro vamos a usar Pacemaker como gestor de nuestro cluster, vamos a explicar detalladamente cada uno de los componentes y configuraciones que vamos a necesitar, pero ni mucho menos vamos a cubrir todas y cada una de las posibilidades que nos ofrece esta herramienta. Para ello, lo mejor es dirigirse a la documentación que se encuentra en su página oficial.

2.1 Características.

Soporta prácticamente cualquier configuración de replicación y escenarios simples desde 2 a 128 nodos activo/activo.

En la actualidad, el conjunto Pacemaker/Corosync aporta entre otros los siguientes beneficios:

- Sincronización automática de la configuración.
- Un modelo de recursos y fencing mejor adaptado al entorno de usuario.
- Fencing puede configurarse en diferentes niveles de fallos.
- Opciones de configuración basadas en el tiempo.
- Soporta el inicio/parada de recursos ordenado.
- Posibilidad de iniciar el mismo recurso en múltiples nodos del cluster.

  Ejem: servidor web, sistema de ficheros.
- Posibilidad de iniciar el mismo recurso en múltiples nodos en modos diferentes.

  Ejem: sync source y target.
- Permite la configuración de recursos que pueden o no iniciarse simultáneamente en un nodo.
- No requiere DLM. Lo gestiona el propio Pacemaker.
- Comportamiento configurable cuando se pierde el quorum o se forman varias particiones.

2.2 Componentes.

Pacemaker está compuesto por cinco componentes principales:

- libQB. Formado por los servicios de loggin, IPC, etc.
- Corosync. Es el componente encargado de controlar la pertenencia al cluster de los nodos, el paso de mensajes entres ellos y el quorum.
- Agentes de Recursos. Formado por un conjunto de scripts que interactúan en background con los servicios gestionados por el cluster.
- Agentes de Fencing. Son los scripts encargados de interactuar con los dispositivos de alimentación conectados a la red y encargados de controlar la energía suministrada a los nodos.
- Pacemaker

Capítulo 3

Sistema Operativo de los nodos

Cuando tenemos que seleccionar el S.O. que vamos a usar en los nodos de nuestro cluster debemos prestar atención a ciertos criterios que nos ayudarán posteriormente al mantenimiento y gestión del mismo.

En un primer lugar, es muy interesante buscar un sistema que tenga un ciclo de vida suficientemente largo como para no tener que estar cambiando el sistema de nuestros nodos muy a menudo.

Es habitual el error de pensar que si usamos un sistema que podamos upgradear desde una versión anterior, esto nos va a solventar el problema, ya que en la mayor parte de los casos, el cambiar de versión a una superior en sistemas tan complejos como pueden ser los nodos de un cluster no suele ser un camino factible debido al software que se usa y la no compatibilidad directa entre diferentes versiones del mismo.

Hay que tener también presente la documentación que vamos a poder encontrar ya no solo del sistema operativo, sino de la configuración y funcionamiento de las herramientas que tenemos pensadas usar. En muchos casos la documentación suele ser escasa o estará hecha para otra distribución o versión diferente a la que vamos a usar y la tendremos que adaptar a nuestras necesidades.

No obstante, la decisión final queda a disposición de cada administrador y sus necesidades, teniendo claro que la versión/distribución del sistema operativo que vamos a instalar en nuestro nodo no tiene porque coincidir con la de los huéspedes (máquinas virtuales) que ejecutemos finalmente sobre él.

Adjunto una pequeña tabla con las diferencias existentes entre nuestra selección de sistemas disponibles para instalar en los nodos de nuestro cluster.

OpenSuse	Ubuntu	Fedora	CenOS
	Ciclo de vida medio. 5 años	Amplia documentación del sistema de cluster en clusterlabs.org	Ciclo de vida largo. 10 años Fácil adaptación de la configuración para Fedora Soporte "indirecto" de Red Hat
Ciclo de vida corto. Alrededor de 3 años	A partir de la versión 12.04 dejaron de lado Pacemaker a favor de MAAS-JUJU	Ciclo de vida corto. 1 año	Soporte completo de Pacemaker A partir de la v6.5 y de corosync A partir de la V7

Tabla 3.1: Comparativa S.O.

Capítulo 4

Instalación S.O. (CentOS 7)

4.1 Instalación CentOS 7

Podemos descargar la iso del sistema a instalar de la web de CentOS

http://www.centos.org/download/

Una vez empecemos la instalación, lo primero que nos preguntará será el idioma. A continuación nos mostrará uno de los dos únicos menús que aparecerán durante todo el proceso de instalación.

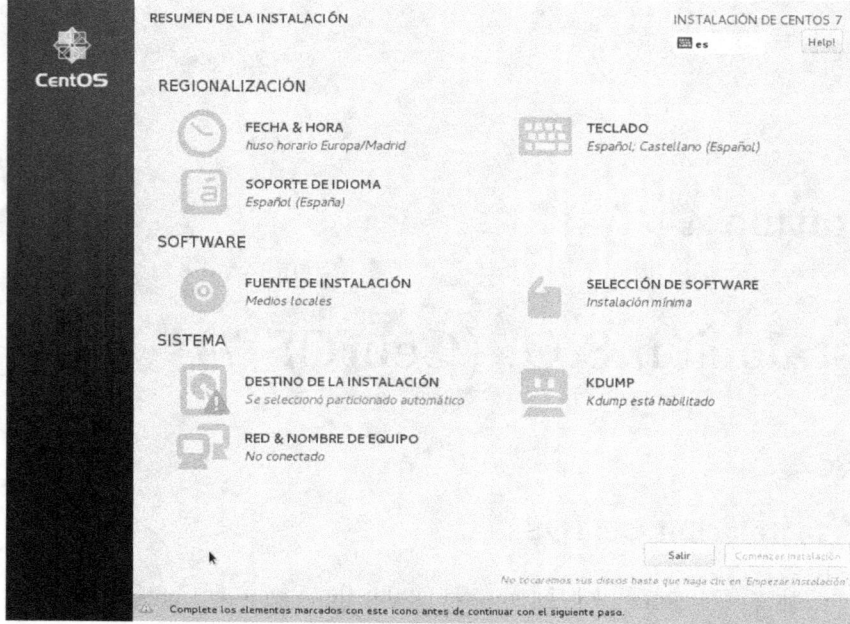

En esta pantalla podremos configurar entre otras cosas la zona horaria, el teclado, el idioma de soporte y el medio para la instalación, que básicamente vendrán ya correctamente configurados por el instalador.

Nosotros pondremos especial interés en las otras tres opciones del menú.

Selección de software: Como queremos instalar un servidor básico seleccionaremos la opción (Servidor de Infraestructura) que nos hará una instalación básica de consola de un servidor.

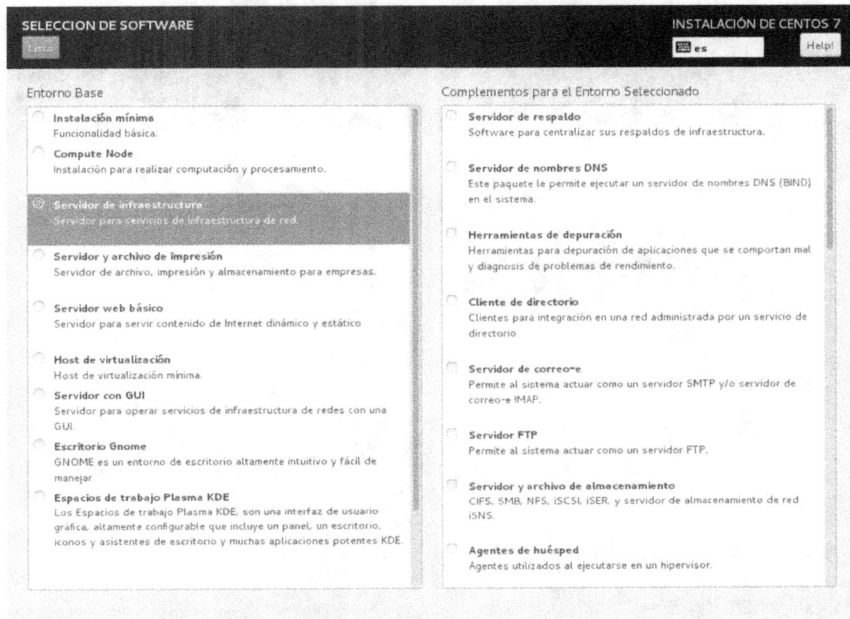

Y seleccionaremos como complementos Alta disponibilidad

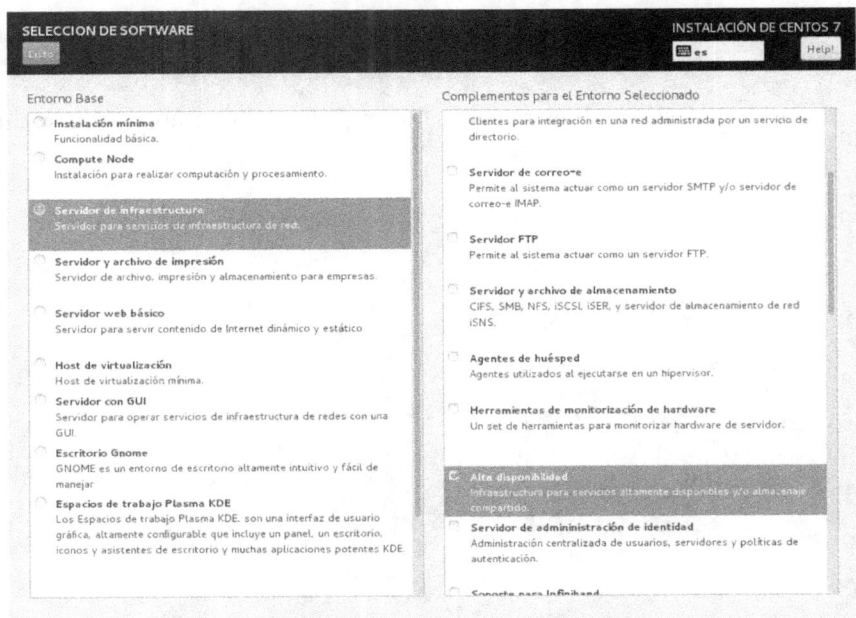

e Hipervisor de virtualización

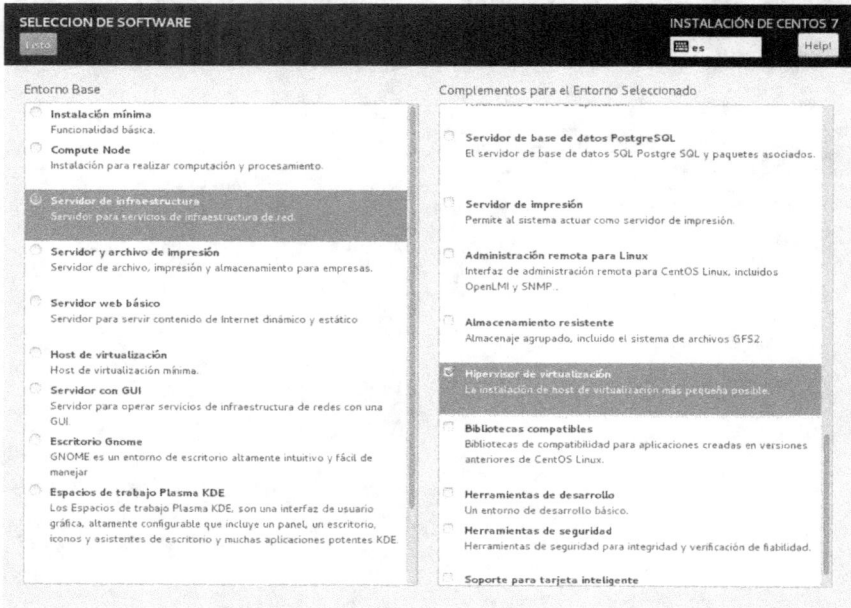

Estos complementos no es necesario seleccionarlos, pero nos facilitarán y harán más rápida la posterior instalación de las herramientas que vamos a necesitar.

El siguiente paso será seleccionar y particionar el disco que usaremos para el sistema.

4.1 Instalación CentOS 7

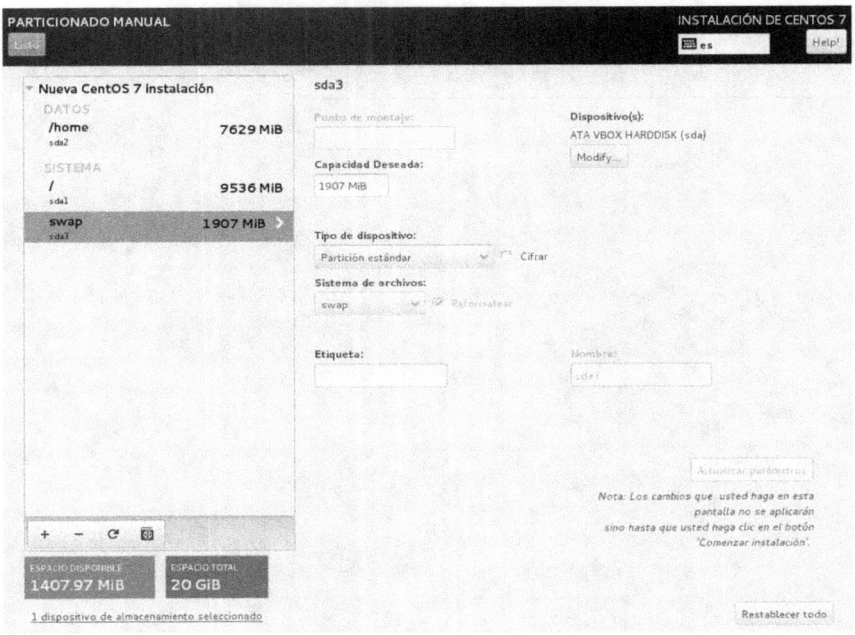

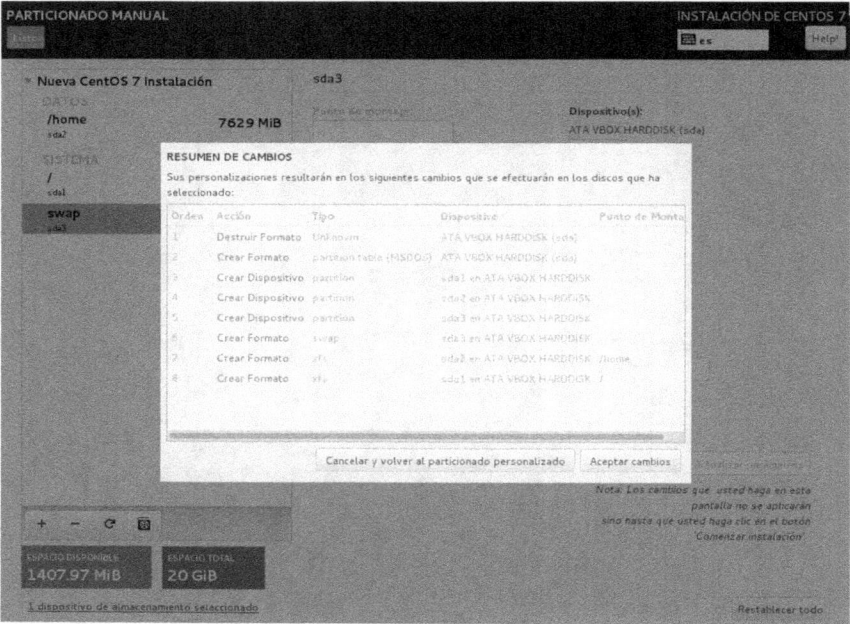

Y por último configuraremos los interfaces de red de nuestro sistema y el nombre que le vamos a asignar.

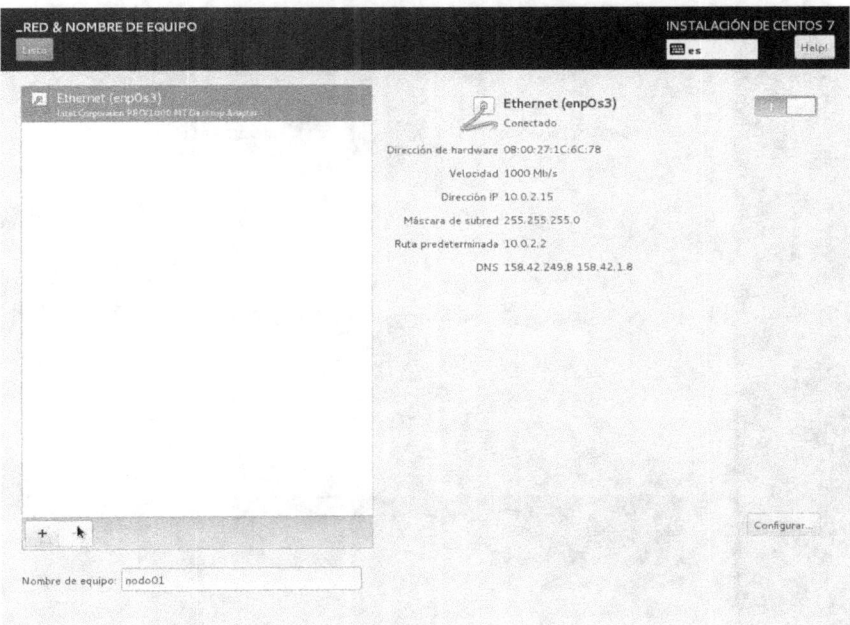

Una vez empecemos la instalación, nos aparecerá un segundo menú en el cual deberemos introducir una contraseña para el usuario root, además de poder crear otro usuario que podremos usar para acceder al sistema una vez instalado.

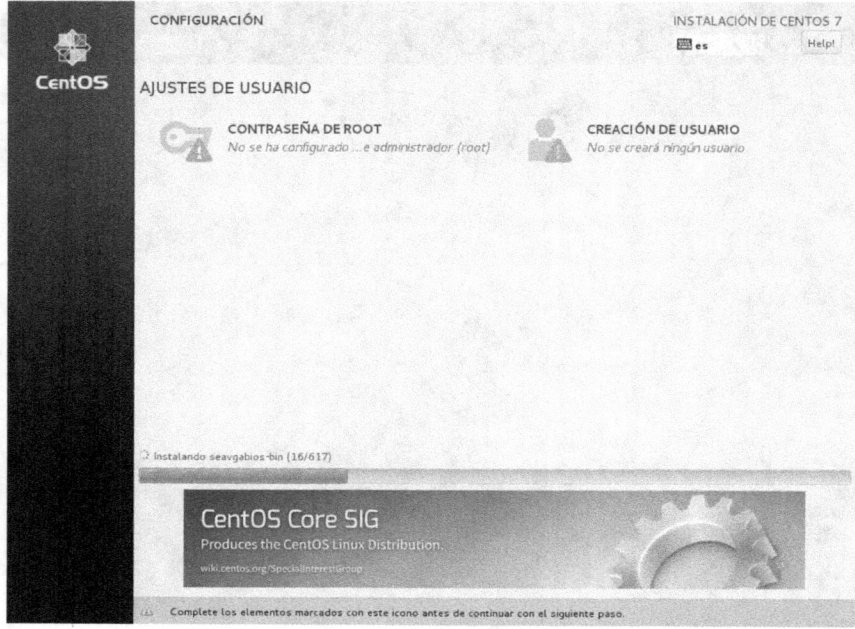

4.2 Instalación desatendida

Para realizar una instalación desatendida de nuestro sistema CenOS podemos usar Kickstart/Anaconda, permitiéndonos instalar y configurar todos los equipos que queramos sin realizar la instalación individual. Podremos añadir tareas pre y post instalación para instalar software extra, configuraciones, etc.

Para ello deberemos crear un fichero (ks.cfg) en el cual se especificará que tiene que realizarse en la instalación, entre los que se encuentran el particionado del disco, configuración de red, paquetes, método de instalación, etc.

Para crear el archivo de instalación desatendida podremos usar una GUI "system-config-kickstart" o podremos realizar una instalación tal como queremos configurar todos los equipos y usar el archivo "/root/anaconda-ks.cfg" que se crea automáticamente al finalizar la instalación.

Un ejemplo de un archivo ks.cfg podría ser el siguiente:

```
#version=RHEL7
# System authorization information
auth --enableshadow --passalgo=sha512

# Use CDROM installation media
cdrom
# Run the Setup Agent on first boot
firstboot --enable
ignoredisk --only-use=sda
# Keyboard layouts
keyboard --vckeymap=es --xlayouts='es'
# System language
lang es_ES.UTF-8

# Network information
network --bootproto=dhcp --device=enp3s0 --ipv6=auto --activate
network --bootproto=dhcp --device=enp5s0 --onboot=off --ipv6=auto
network --hostname=nodo01
# Root password
rootpw --iscrypted
    $6$r5VmNi3B4kqzydf4$45bLRIv9QMysE5CPU6ssBAWlsiFhSCYeO
    G/iiI.hoGl3IZAe3CcaXuvxyZu5KWNltVKgN1/FS60GXVxqr5Yei.

# System timezone
timezone Europe/Madrid
user --groups=wheel --name=usrtestlibro --password=
    $6$9uyB5OAqZVHjnBvn$KPebPlq1cxgyRRGQkC9YPNRJ00EqnZ
    qW03eRaYL.CIsFTz8JKJiiWrf/eboHF6XsSd0YkScL3PK/Y3lWIJimV.
    --iscrypted --gecos="Libro Virt"
# System bootloader configuration
bootloader --location=mbr --boot-drive=sda
# Partition clearing information
clearpart --none --initlabel
# Disk partitioning information
part / --fstype="ext4" --ondisk=sda --size=60000 --label=Sistema
part swap --fstype="swap" --ondisk=sda --size=16000

%packages
@base
@core
@ha
@virtualization-hypervisor

%end
```

Una vez creado el archivo ks.cfg, en la instalación deberemos indicar al sistema que debe usar este archivo para seleccionar que debe instalar y configurarse con los parámetros que aquí indicamos.

4.2.1 Instalación desde CD

Especificaremos la ruta del fichero en el CD

```
linux ks=cdrom:/ks.cfg
```

4.2.2 Instalación desde red

Especificaremos la ruta url del fichero

```
linux ks=https://192.168.26.1/ks.cfg
```

4.2.3 Configurar la ubicación del archivo ks en la iso de instalación

Para no tener que indicar manualmente la ruta al archivo de instalación desatendida en el boot prompt deberemos modificar la ISO de CentOS y especificar en el boot config la configuración del kickstart.

En primer lugar crearemos un directorio con la siguiente estructura donde posteriormente pondremos los archivos de la ISO

```
~/kickstart_build
 + −− isolinux
 | + −− images
 | + −− ks
 | + −− LiveOS
 | + −− Packages
```

A continuación, montaremos la iso con la imagen del DVD de CentOS como si fuera una ruta local:

```
# sudo mount -o loop -t iso9660 CentOS-7.0-1406-x86_64-DVD.iso \
    /mnt/iso_centos
```

Copiaremos los contenidos de los directorios isolinux, images, Packages y LiveOS, además de los archivos .discinfo repodata/4b9a...18-c7-x86_64-comps.xml.gz y el ks.cfg deseado tal como se indica a continuación:

4.2 Instalación desatendida

```
# cp -R /mnt/iso_centos/isolinux/* ~/kickstart_build/isolinux/
# cp -R /mnt/iso_centos/images/* ~/kickstart_build/isolinux/images/
# cp -R /mnt/iso_centos/Packages/* ~/kickstart_build/isolinux/Packages/
# cp -R /mnt/iso_centos/LiveOS/* ~/kickstart_build/isolinux/LiveOS
# cp -R /mnt/iso_centos/.discinfo ~/kickstart_build/isolinux/
# cp -R /mnt/iso_centos/repodata/4b9ac...18-c7-x86_64-comps.xml.gz \
       ~/kickstart_build/comps.xml.gz
# cp -R /path_ks_file/ks.cfg ~/kickstart_build/isolinux/ks/ks.cfg
```

Descomprimimos el archivo comps.xml.gz

```
# cd ~/kickstart_build
# gzip -d comps.xml.gz
```

Modificaremos el fichero isolinux/isolinux.cfg:

Antes:

```
label linux
      kernel vmlinuz
      append initrd=initrd.img
```

Después:

```
label linux
      kernel vmlinuz
      append initrd=initrd.img ks=cdrom:/isolinux/ks/ks.cfg
```

En este caso copiaremos el fichero ks.cfg en la carpeta "isolinux/ks", y como luego lo grabaremos en un DVD usamos la opción de cdrom. Si quisiésemos cogerlo desde red, en vez de cdrom pondríamos la url del ks.cfg.

A continuación deberemos generar el repodata para nuestro disco. En primer lugar instalaremos la herramientas que vamos a necesitar

```
# yum install createrepo deltarpm python-deltarpm libxml2-python
# yum install genisoimage libusal
# yum-config-manager \
       --add-repo=http://negativo17.org/repos/epel-cdrtools.repo
# yum install mkisofs
```

```
# cd ~/kickstart_build/isolinux
# createrepo -g ~/kickstart_build/comps.xml .
```

Ahora solo nos quedará hacer una nueva iso con nuestro DVD modificado, podremos usar el comando mkisofs. Debemos especificarle el boot para que cree una ISO booteable:

```
# cd /kickstart_build
# mkisofs -o /mnt/centos7_kickstart.iso \
    -b isolinux.bin -c boot.cat -no-emul-boot -V 'CentOS 7 x86_64' \
    -boot-load-size 4 -boot-info-table -R -J -v -T isolinux/
```

4.3 Crear USB de instalación

Podremos crear un USB de arranque de la iso descargada desde la web de CentOS usando la herramienta opensource Win32diskImager `http://sourceforge.net/projects/win32diskimager/`

Para imágenes creadas con mkisofs win32diskmanager no nos servirá, en este caso podemos usar otras herramientas como Rufus `https://rufus.akeo.ie/` que nos permitirán crear nuestro USB a partir de la imagen iso modificada por nosotros.

Capítulo 5

Configuración S.O. (CentOS 7)

5.1 Nombrar nodos

En primer lugar tenemos que seleccionar los nombres que les vamos a asignar a nuestros nodos. Aunque se trate de una tarea trivial, es interesante aplicar un buen criterio de nombramiento.

Para dar nombre a cada uno de los nodos de nuestro cluster deberemos asignar el mismo nombre a cada uno de los nodos, seguido de los suficientes dígitos como para numerar todos y cada uno de los nodos que tendremos inicialmente así como los que podamos llegar a tener en un futuro. Ejem.:

Si tenemos previsto alcanzar los 20 nodos, podríamos nombrarlos.

$$\text{nodo01 ... nodo20}$$

Esto nos va a permitir en cualquier momento la creación de scripts para administrar los nodos muy cómodamente usando por ejemplo bucles for.

```
# for i in `seq --format="%03g" 0 64`; do echo nodo$i; scp fichero nodo$i:/tmp/; done
# for i in 1 2 3 4 5 6 7 8; do echo nodo$i; ssh nodo$i ls /; done
# for num in {01..10}; do echo nodo$num; ssh nodo$num halt; done
```

Daremos nombre a nuestro nodo (sin dominio ya que será como lo definiremos más adelante para el uso del DRBD y Pacemaker).

```
# hostnamectl set-hostname nodo01 --static
```

Podemos ponerle una descripción al nodo.

```
# hostnamectl set-hostname --pretty "Cluster Pruebas, Nodo 01"
```

Esta descripción se guardará en /etc/machine-info

5.2 Configurar interfaces de red

En los nodos de nuestro cluster deberíamos disponer de un mínimo de 2 interfaces de red. Uno para acceso la red a la que queremos dar servicio (red de servicio). Otro para comunicar los nodos del cluster (red de gestión).

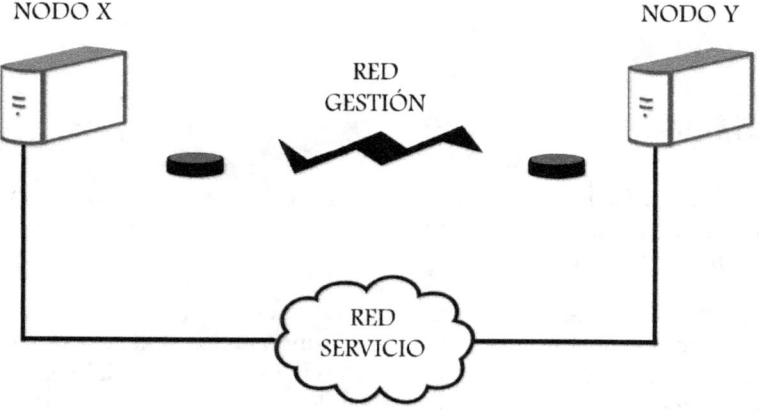

Figura 5.1: Esquema conexiones de red

Deberemos comprobar la configuración y si no es correcta modificarla directamente en los archivos de configuración.

Desde la versión 7 de CentOS y Red Hat Entreprise Linux, los interfaces de red han dejado de nombrarse como hasta ahora que se usaban los nombres eth0..X. En esta versión se usan unas nuevas reglas que vienen descritas en la documentación de RHEL7[23] y que resumo de la siguiente manera.

Los dos primeros caracteres indicarán el tipo de interface:

```
en para Ethernet
wl para Wireless LAN (WLAN)
ww para Wireles Wide Area network (WWAM) "WiMAX, UMTS, HSPA, 3G,..."
```

seguido de los siguientes caracteres:

5.2 Configurar interfaces de red

> o<indice> número del índice del dispositivo en placa base
> s<slot>[f<funcion>][d<dev_id>] número del índice del slot hotplug
> x<MAC> dirección MAC
> p<bus>s<slot>[f<funcion>][d<dev_id>] ubicación geográfica PCI
> p<bus>s<slot>[f<funcion>][u<port>][...][c<config>][i<interface>]
> número de puerto de la cadena USB

Para conocer el nombre de los interfaces que disponemos podemos usar el comando

> # ip add

A continuación, nos dirigiremos al directorio /etc/sysconfig/network-scripts/ donde encontraremos todos los archivos de configuración y nos fijaremos en los siguientes parámetros:

> BOOTPROTO= puede ser static, none o dhcp.
> IPV6INIT= indica si queremos usar ipv6 o no. yes, no.
> IPV6_AUTOCONF = si deseamos autoconfigurar ipv6.
> ONBOOT= si iniciamos o no el interface en el arranque. yes, no.
> IPADDR= dirección ip si usamos la opción static.
> Si queremos usar varias, podemos usar IPADDR0, IPADDR1.
> PREFIX= NETMASK en decimal. Ejem prefix=24 == netmask=255.255.255.0
> GATEWAY= puerta de enlace.
> DNS1= servidor DNS. Puede haber varios.
> NETMASK= máscara de red. Puede haber varias.
> NETWORK= red. Puede haber varias.
> DEFROUTE= si usaremos este interface para conectar con la puerta de enlace remota.
> PEERDNS= modificará los servidores DNS en /etc/resolv.conf
> PEERROUTES= modificará las rutas por defecto.
> IPV4_FAILURE_FATAL= indica si el dispositivo no debe iniciarse si hay un error en la configuración.
> STP= Protocolo Spanning Tree. Habilitado por defecto.

/etc/sysconfig/network-scripts/ifcfg-enp5s0 (red de gestión)

> enp5s0: static
> 192.168.26.1/24 - 255.255.255.0
> no gateway, no dns

```
HWADDR=60:A4:4C:4F:86:F8
TYPE=Ethernet
BOOTPROTO=none
DEFROUTE=no
PEERDNS=no
PEERROUTES=no
IPV4_FAILURE_FATAL=no
IPV6INIT=no
IPV6_AUTOCONF=no
IPV6_DEFROUTE=no
IPV6_PEERDNS=no
IPV6_PEERROUTES=no
IPV6_FAILURE_FATAL=no
NAME=enp5s0
UUID=44a2476f-f1b3-4c56-999a-b64252565fe0
ONBOOT=yes
IPADDR=192.168.26.1
NETMASK=255.255.255.0
NETWORK=192.168.26.0
```

/etc/sysconfig/network-scritpts/ifcfg-enp3s0 (red de servicio)

```
enp3s0: DHCP
172.16.0.1/12 - 255.240.0.0
```

```
HWADDR="00:E0:7D:BC:35:41"
TYPE="Ethernet"
BOOTPROTO="dhcp"
DEFROUTE="yes"
PEERDNS="yes"
PEERROUTES="yes"
IPV4_FAILURE_FATAL="no"
IPV6INIT="yes"
IPV6_AUTOCONF="yes"
IPV6_DEFROUTE="yes"
IPV6_PEERDNS="yes"
IPV6_PEERROUTES="yes"
IPV6_FAILURE_FATAL="no"
NAME="enp3s0"
UUID="2a0936ee-96b2-4428-a2e0-2c75fb3d8db5"
ONBOOT="yes"
```

También podremos usar las herramientas de configuración en modo texto nmtui o el comando nmcli

```
# yum install NetworkManager-tui
# nmtui
# nmtui edit nombre_conexion
# nmtui connect nombre_conexion
# nmcli OPTIONS OBJECT { COMMAND | help }
```

Reiniciamos la red para que se configure con los nuevos valores. Podemos hacerlo conectados a través de ssh sin que se corte la conexión, pero hay que asegurarse de que el interface por el que estamos conectados no cambia de configuración y/o al menos vamos a poder seguir conectados a través de él.

```
# systemctl restart network
```

Configurar el archivo /etc/hosts para que se puedan resolver los nombres cortos de los nodos contra las direcciones ip de la red de gestión.

```
192.168.26.1 nodo01
192.168.26.2 nodo02
```

Si los nombres FQDN se resuelven a través de un servidor DNS no es necesario que los añadamos.

5.3 Firewall y SELinux

Para que no interfieran en las pruebas que vamos a realizar durante el montaje de todo el sistema, deshabilitamos el firewall (iptables / ip6tables) y selinux

/etc/sysconfig/selinux

```
SELINUX=disabled
```

En CentOS7 tenemos dos servicios para configurar el firewall, el usado hasta ahora iptables y el nuevo firewalld. Aunque los dos finalmente terminan usando iptables para establecer las reglas de seguridad.

Las principales diferencias:

- El servicio iptables guarda la configuración en /etc/sysconfig/iptables, mientas firewalld guarda la configuración en archivos XML en /usr/lib/firewalld y /etc/firewalld

- Mientras que con el servicio iptables, cada pequeño cambio realiza un flush de todas las reglas y vuelve a cargar las nuevas, firewalld solamente aplica los cambios permitiendo que entre otras cosas no se pierdan conexiones al realizar cambios.

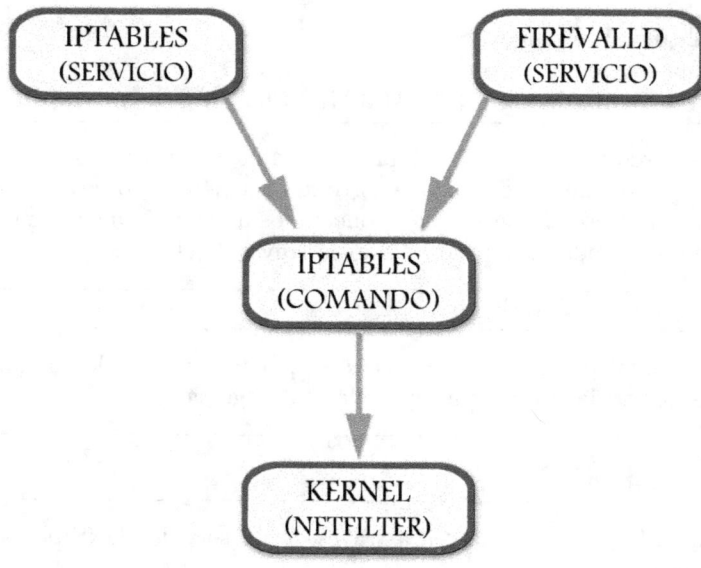

Figura 5.2: iptables vs firewalld

```
# iptables -L

# systemctl disable firewalld
# systemctl stop firewalld

# systemctl disable iptables
# systemctl stop iptables
# systemctl disable ip6tables
# systemctl stop ip6tables
```

En la práctica correspondiente de seguridad hablaremos de como los debemos de configurar.

5.3.1 Configurar bonding (vinculación), port trunking o link aggregation

Si disponemos de diferentes interfaces de red que queramos unir a una misma red para ampliar su ancho de banda o disponer de lineas de backup, podemos unirlas en una interface lógica con la que podemos conseguir, redundancia o bien balanceo de carga.

Modos de vinculación:

- **mode=1 (active-backup)**: Solamente uno de los interface esclavos se encuentra activo en el enlace vinculado. La dirección MAC del enlace está visible externamente solo en un interface para evitar confundir al switch. Este modo proporciona tolerancia a los fallos.

- **mode=2 (balance-xor)**: Proporciona tolerancia a fallos y el balanceo de cargas. Usando este método el interface hace coincidir la dirección MAC de las peticiones entrantes con la dirección MAC de uno de los interfaces esclavos. Una vez que se establece el enlace, las transmisiones son enviadas secuencialmente comenzando con la primera interfaz disponible.

- **mode=3 (broadcast)**: Proporciona tolerancia a fallos, pero usa todas las interfaces simultáneamente.

- **mode=4 (802.3ad)**: Utiliza todos los esclavos activos del enlace vinculado según la especificación 802.3ad.

  - Prerequisitos: Soporte Ethtool y un switch que soporte la vinculación dinámica de enlace (802.3ad)

- **mode=5 (balence-tlb)**: El canal vinculado no requiere apoyo especial del switch. El tráfico saliente es distribuido según la carga actual entre cada esclavo. El tráfico entrante es recibido por el esclavo activo.

  - Prerequisitos: Soporte Ethtool

- **mode=6 (balance-alb)**: Incluye el balance-tlb más el recibo de quien balancea la carga (rlb) del tráfico IPV4 y no requieren ayuda especial del switch. El equilibrio de la carga de la recepción es alcanzado por negociación ARP. El controlador de la vinculación intercepta las respuestas ARP enviadas por el sistema local en su salida y sobrescribe la dirección del hardware de origen con una de las direcciones únicas de hardware esclavas en la vinculación, de forma tal que diferentes pares en el servidor usen direcciones de hardware diferentes.

Podemos usar múltiples interfaces vinculados en nuestro sistema. Los podemos definir en /etc/modprobe.d/bonding.conf. Ejem:

/etc/modprobe.d/bonding.conf

```
alias bond0 bonding
options bond0 -o bond0 mode=0 miimon=100
alias bond1 bonding
options bond1 -o bond1 mode=1 miimon=100
```

Y la configuración del vinculo la deberemos crear en:

/etc/sysconfig/network-scripts/ifcfg-bond0

```
DEVICE=bond0
IPADDR=192.168.26.1
NETMASK=255.255.255.0
NETWORK=192.168.26.0
BROADCAST=192.168.26.255
GATEWAY=
ONBOOT=yes
BOOTPROTO=none
USERCTL=no
```

Y en los interfaces de red que vinculamos.

/etc/sysconfig/network-scripts/ifcfg-enp5s0

```
DEVICE=enp5s0
ONBOOT=yes
BOOTPROTO=none
USERCTL=no
MASTER=bond0
SLAVE=yes
```

Podemos comprobar el estado de la vinculación

```
# cat /proc/net/bonding/bond0
```

La opción **miimon** se utiliza para especificar cada cuantos milisegundos se debe supervisar el enlace MII (Media Independent Interface). Se utiliza cuando se necesita alta disponibilidad para verificar si la interfaz está activa y verificar si hay un cable de red conectado.

Se requiere que todos los controladores del vinculo de tarjetas tengan soporte para MII. Para verificar si el controlador de la tarjeta tiene soporte para MII, se utiliza el comando ethtool, donde la salida debe devolver "Link Detectedçon valor çes".

Para desactivar esta función, se utiliza el valor 0 (cero).

5.4 Configuramos acceso ssh

Para la comunicación entre todos los nodos del cluster y para facilitarnos a nosotros la administración de los mismos, deberemos crear un par de claves pública/privada en ambos nodos

```
# ssh-keygen -t rsa -N "" -b 8191 -f ~/.ssh/id_rsa
# chmod 0600 ~/.ssh/id_rsa
```

En uno de los nodos (nodo01) copiamos la clave publica al archivo authorized_keys

```
# cat ~/.ssh/id_rsa.pub » ~/.ssh/authorized_keys
```

En el mismo nodo anterior (nodo 1) copiar desde el nodo 2 la clave publica

```
# ssh root@nodo02 "cat ~/.ssh/id_rsa.pub" » ~/.ssh/authorized_keys
```

Copiar el archivo authorized_keys al nodo 2 (desde el nodo 1)

```
# rsync -av ~/.ssh/authorized_keys root@nodo02:/root/.ssh/
```

Adicionalmente habría que completar el archivo /.ssh/known_hosts con la huella de todos los nodos del cluster y todos los nombres para cada uno de los nodos

```
# ssh nodo01
# ssh nodo01.midominio.es
# ssh nodo02
# ssh nodo02.midominio.es
```

Copiar este archivo al resto de nodos

```
# rsync -av ~/.ssh/known_hosts root@nodo02:/root/.ssh/known_hosts
```

Para finalizar, si habitualmente vamos a trabajar desde otro equipo con escritorio, crearemos en este último y para el usuario que usaremos, el par de claves pública/privada y los copiaremos en el ~/.ssh/authorized_keys de cada uno de los nodos.

5.5 Sincronización del tiempo

Para un buen funcionamiento del cluster es muy importante que el reloj de todos los nodos esté sincronizado.

```
# ln -sf /usr/share/zoneinfo/Europe/Madrid /etc/localtime
```

Para ello podemos usar cualquiera de las siguientes opciones:

Ejecutar periódicamente desde el crontab el comando ntpdate que sincronice nuestros servidores con un servidor ntp.

```
# ntpdate 0.pool.ntp.org
```

Instalar nuestro propio servidor ntp y sincronizar todos nuestros servidores contra el mismo.

```
# yum install ntp

# nano -w /etc/ntp.conf   # configurar servicio

# systemctl start ntpd.service
# systemctl enable ntpd.service
```

Ejemplo de configuración de ntp.conf (http://www.alcancelibre.org/staticpages/index.php/como-ntp)

```
# Se establece la política predeterminada para cualquier
# servidor de tiempo utilizado: se permite la sincronización
# de tiempo con las fuentes, pero sin permitir a la fuente
# consultar (noquery), ni modificar el servicio en el
# sistema (nomodify) y declinando proveer mensajes de
# registro (notrap).
restrict default nomodify notrap noquery
restrict -6 default nomodify notrap noquery

# Permitir todo el acceso a la interfaz de retorno del sistema.
restrict 127.0.0.1
restrict -6 ::1

# Se le permite a las redes locales sincronizar con el servidor
# pero sin permitirles modificar la configuración del
# sistema y sin usar a éstos como iguales para sincronizar.
# Cambiar por las que correspondan a sus propias redes locales.
restrict 192.168.1.0 mask 255.255.255.0 nomodify notrap
restrict 192.168.70.0 mask 255.255.255.128 nomodify notrap
restrict 172.16.1.0 mask 255.255.255.240 nomodify notrap
restrict 10.0.1.0 mask 255.255.255.248 nomodify notrap
```

```
# Reloj local indisciplinado.
# Este es un controlador emulado que se utiliza sólo como
# respaldo cuando ninguna de las fuentes reales están disponibles.
fudge 127.127.1.0 stratum 10
server 127.127.1.0

# Archivo de variaciones.
driftfile /var/lib/ntp/drift
broadcastdelay 0.008

# Archivo de claves si acaso fuesen necesarias para realizar consultas
keys /etc/ntp/keys

# Lista de servidores de tiempo de estrato 1 o 2.
# Se recomienda tener al menos 3 servidores listados.
# Mas servidores en:
# http://kopernix.com/?q=ntp
# http://www.eecis.udel.edu/ mills/ntp/servers.html
server 0.pool.ntp.org iburst
server 1.pool.ntp.org iburst
server 2.pool.ntp.org iburst
server 3.pool.ntp.org iburst

# Permisos que se asignarán para cada servidor de tiempo.
# En los ejemplos, se impide a las fuente consultar o modificar
# el servicio en el sistema, así como también enviar mensaje de registro.
restrict 0.pool.ntp.org mask 255.255.255.255 nomodify notrap noquery
restrict 1.pool.ntp.org mask 255.255.255.255 nomodify notrap noquery
restrict 2.pool.ntp.org mask 255.255.255.255 nomodify notrap noquery
restrict 3.pool.ntp.org mask 255.255.255.255 nomodify notrap noquery

# Se activa la difusión hacia los clientes
broadcastclient
```

Capítulo 6

Instalación de Pacemaker

Tenemos tres formas de usar Pacemaker. Redundancia Activa/Pasiva, Activa/Activa y N-to-N (16 nodos hasta RHEL 6.5 y 128 a partir de RHEL 7).

En nuestro caso vamos a configurar un sistema con dos nodos en Activo/Activo que nos permitirá disponer de Alta Disponibilidad de nuestros servicios pudiendo migrar los servicios de un nodo al siguiente si falla el primero y de balanceo de carga mientras tenemos los dos nodos funcionando.

Diferencias en las herramientas de Cluster entre las últimas versiones de RHEL.

> **RHEL 6.5** utiliza CMAN+pacemaker+Corosync. Para configurar CMAN se usa ccs, para replicar la configuración del fichero cluster.conf se usa ricci y para configurar los recursos del cluster en pacemaker se usa pcs.
> **RHEL 7** utiliza PaceMaker+Corosync con pcs para configurar el cluster y sus recursos y pcsd para replicar la configuración entre nodos.

6.1 Instalar y Configurar

Vamos a tener que instalar y configurar Pacemaker en ambos nodos del cluster.

```
# yum install corosync pacemaker pcs dlm dlm-lib fence-agents-all lvm2-cluster
```

Una vez instalado Pacemaker habilitaremos el servicio pcsd y nos aseguraremos que se inicie cada vez que arranque el sistema.

```
# systemctl start pcsd.service
# systemctl enable pcsd.service
```

Vamos a necesitar poner un password al usuario hacluster dado que va a ser usado por el servicio pcs para comunicarse con los otros nodos.

Capítulo 6. Instalación de Pacemaker

```
# echo nuevo_passwd | passwd --stdin hacluster
```

Para inicializar el cluster ejecutaremos en ambos nodos.

```
# pcs cluster auth nodo01 nodo02 -u hacluster
```

A continuación, en un solo nodo, para inicializar la comunicación entre los miembros del cluster.

```
# pcs cluster setup --name kuster-test nodo01 nodo02
```

Al ejecutar este comando se creará el archivo de configuración corosync.conf en /etc/corosync/ en todos los nodos. Este archivo debe ser el mismo en todos los nodos, en caso de no crearse en algún nodo por cualquier motivo deberá copiarse a mano.

```
totem {
      version: 2
      secauth: off
      cluster_name: kuster-test
      transport: udpu
}

nodelist {
      node {
            ring0_addr: nodo01
            nodeid: 1
      }
      node {
            ring0_addr: nodo02
            nodeid: 2
      }
}

quorum {
      provider: corosync_votequorum
}

logging {
      to_syslog: yes
}
```

Editaremos el archivo y lo personalizaremos con algunos cambios.

```
totem {
      version: 2
      cluster_name: kuster-test

      # Deshabilitamos encriptación (obsoleto, se sustituye por
      # crypto_cipher y crypto_hash)
      # por defecto on
      # secauth: off
      # Encriptación de la comunicación entre los nodos
      # Valores posibles: none (no authentication), md5, sha1,
      # sha256, sha384 and sha512.
      # Valor por defecto sha1
      crypto_cipher: aes256
      # Valores posibles none (no encryption), aes256, aes192, aes128 and 3des.
      # Valor por defecto aes256
      # Si se habilita crypto_hash hay que habilitar crypto_cipher.
      crypto_hash: sha512
}

# Configuramos los dos nodos
nodelist {
      node {
            ring0_addr: nodo01
            nodeid: 1
      }
      node {
            ring0_addr: nodo02
            nodeid: 2
      }
}

quorum {
      # Actualmente solo permite el valor corosync_votequorum
      # puedes encontrar más información con el manual "info votequorum"
      provider: corosync_votequorum
      # two_node: 1. Habilita la configuración para un cluster de
      # dos nodos (valor por defecto 0).
      two_node: 1
```

```
        # wait_for_all: 0. Indica al cluster si debe esperar a tener quorum
        # para empezar a ejecutar los
        # recursos. El valor por defecto para clusters de más de dos nodos es 0
        # (no esperar), pero si
        # habilitamos la configuración de dos nodos (two_node: 1),
        # esta opción pasa a configurarse por
        # defecto a 1 (esperar).
        wait_for_all: 0
}

# Configuramos los parámetro del log
logging {
        # Muestra el fichero y la línea del código
        # Valor por defecto off
        # fileline: off
        # Muestra el nombre de la función del código
        # Valor por defecto off
        # function_name: off
        to_stderr: no
        to_logfile: yes
        logfile: /var/log/cluster/corosync.log
        # Se ignoran si debug es on
        # posibles valores alert, crit, debug (igual que debug = on),
        # emerg, err, info, notice, warning.
        # sysfile_priority/logfile_prioryity: info
        # posibles valores daemon, local0, local1, local2, local3, local4,
        # local5, local6 y local7
        # syslog_facility: daemon
        to_syslog: no
        debug: off
        timestamp: on
        # Opciones para desarrolladores: Todos los valores anteriores se usan
        # para todos los subsistemas, pero cada uno de ellos puede configurarse
        # independientemente (subsistemas: CLM, CPG, MAIN, SERV,
        # CMAN, TOTEM, QUORUM, CONFDB, CKPT, EVT)
        # http://landley.net/kdocs/ols/2008/ols2008v1-pages-85-100.pdf
        # logger_subsys {
        # subsys: QUORUM
        # debug: on
        # logfile: /var/log/cluster/quorum.log
        # }
}
```

Hay que tener presente si usamos "logfile" de configurar logrotate para que los ficheros de logs roten y no se hagan excesivamente grandes.

```
/var/log/cluster/*.log {
    weekly
    missingok
    rotate 52
    compress
    delaycompress
    notifempty
    create 660 hacluster haclient
    sharedscripts
    copytruncate
}
```

Antes de iniciar el cluster por primera vez, si hemos habilitado la encriptación de las comunicaciones entre los nodos, vamos a tener que generar el par de claves que usaran los nodos para comunicarse entre ellos y copiarla en los dos nodos.

```
# corosync-keygen
# scp /etc/corosync/authkey nodo02:/etc/corosync/
```

Una vez configurado corosync, para iniciar el cluster por primera vez, en uno de los nodos

```
# pcs cluster start --all
# pcs status
```

Lo primero y más importante que vamos a tener que configurar en nuestro cluster son el quorum y el fencing.

En nuestro caso, al tratarse de un cluster mínimo de dos nodos vamos a tener que deshabilitar el quorum, ya que en el caso de fallar cualquiera de los nodos, se perdería el quorum y se pararían todos los servicios.

Para ver las propiedades configuradas en nuestro cluster

```
# pcs property
```

Para deshabilitar el quorum

```
# pcs property set no-quorum-policy=ignore
```

En segundo lugar y no por ello menos importante vamos a tener que configurar el fencing (cercado) de nuestro sistema.

El subsistema de fencing de Pacemaker permite a las demás partes de la pila saber si un nodo ha sido cercado con éxito, evitando así que sea cercado otra vez cuando otros subsistemas noten que el nodo ha fallado.

> En los clusters HA existe una situación donde un nodo deja de funcionar correctamente pero todavía sigue levantado, accediendo a ciertos recursos y respondiendo peticiones. Para evitar que el nodo corrompa recursos o responda con peticiones, los clusters lo solucionan utilizando una técnica llamada Fencing.
> La función principal del Fencing es hacerle saber a dicho nodo que está funcionando en mal estado, retirarle sus recursos asignados para que los atiendan otros nodos y dejarlo en un estado inactivo.

6.2 Fence Devices

Mediante el siguiente comando, vamos a poder conocer todos los agentes de fencing de los que disponemos para configurar nuestro sistema y los detalles de cada uno de ellos.

```
# pcs stonith list
# pcs stonith describe agente
```

IMPORTANTE: para usar IPMI es importante deshabilitar ACPI. Si acpid está activado cuando se realiza una llamada de fencing, se iniciará un apagado ordenado.

```
# systemctl stop acpid
# systemctl disable acpid
```

6.3 Configurar STONITH

STONITH es un acrónimo de Shoot-The-Other-Node-In-The-Head y se encarga de proteger los datos de una posible corrupción si son modificados desde diferentes nodos al mismo tiempo.

IMPORTANTE: Si no se configura bien este apartado y no sabemos lo que estamos haciendo en este punto mejor, que NO sigamos adelante hasta que comprendamos esto, lo tengamos perfectamente configurado y probado. Ya que una mala configuración de este dispositivo puede bloquearnos todo el cluster y en el peor de las casos hacer que los datos se corrompan.

6.3.1 Propiedades de los dispositivos de fencing

stonith-timeout. Tiempo que espera a la confirmación de completado. Default: 60s

priority. Prioridad del dispositivo. Se pueden definir varios dispositivos de fencing para un nodo, los cuales se irán ejecutando uno tras otro hasta recibir confirmación de completado . Default: 0

pcmk_host_list. Listado de nodos controlados por este dispositivo.

Puedes encontrar más opciones en la documentación oficial de Pacemaker.

http://clusterlabs.org/doc/

Para visualizar los dispositivos de fencing configurados en el cluster

```
# pcs stonith show
```

Ejemplo de como definir un dispositivo de fencing en el cluster.

```
# pcs cluster cib stonith_cfg
# pcs -f stonith_cfg stonith create impi-fencing fence_ipmilan \
      pcmk_host_list="pcmk-1 pcmk-2" ipaddr=10.0.0.1 login=testuser \
      passwd=acd123 op monitor interval=60s
# pcs -f stonith_cfg stonith
# pcs -f stonith_cfg property set stonith-enabled=true
# pcs -f stonith_cfg property
# pcs cluster cib-push stonith_cfg
```

O podríamos definir dos dispositivos diferentes de la siguiente manera.

```
# pcs cluster cib stonith_cfg
# pcs -f stonith_cfg stonith create fence_n01_ipmi fence_ipmilan \
      pcmk_host_list="node01"ipaddr="node01.ipmi" action="reboot" \
      login="admin" passwd="secret" op monitor interval=60s
# pcs -f stonith_cfg stonith create fence_n02_ipmi fence_ipmilan \
      pcmk_host_list="node02" ipaddr="node02.ipmi" action="reboot" \
      login="admin" passwd="secret" op monitor interval=60s
# pcs -f stonith_cfg stonith
# pcs -f stonith_cfg property set stonith-enabled=true
# pcs -f stonith_cfg property
# pcs cluster cib-push stonith_cfg
```

Si lo deseamos, podemos poner el password del dispositivo de fencing en un archivo y configurarlo de la siguiente manera.

```
# pcs cluster cib stonith_cfg
# pcs -f stonith_cfg stonith create fence_n01_ipmi fence_ipmilan \
    pcmk_host_list="node01"ipaddr="node01.ipmi" action="reboot" \
    passwd_method=file passwd="/etc/stonith_ipmi_passwd" userid=admin
op monitor interval=60s
# pcs -f stonith_cfg stonith create fence_n02_ipmi fence_ipmilan \
    pcmk_host_list="node02" ipaddr="node02.ipmi" action="reboot" \
    passwd_method=file passwd="/etc/stonith_ipmi_passwd" userid=admin
op monitor interval=60s
# pcs -f stonith_cfg stonith
# pcs -f stonith_cfg property set stonith-enabled=true
# pcs -f stonith_cfg property
# pcs cluster cib-push stonith_cfg
```

Finalemente, para comprobar si se está ejecutando correctamente.

```
# pcs status
```

NOTA: Los dispositivos configurados para cada uno de los nodos deberían ejecutarse en el nodo opuesto. Por ejemplo; si lo que queremos es cercar el nodo01, el dispositivo stonith debería estar configurado para que se ejecutase solamente en el nodo02 ya que un nodo no se mata a si mismo.

Para ello haremos uso de "Location Constraints (restricciones de posicionamiento)" que explicaremos en el siguiente capítulo.

```
# pcs constraint location fence_n01_ipmi prefers node02=INFINITY
# pcs constraint location fence_n01_ipmi prefers node01=-INFINITY
# pcs constraint location fence_n02_ipmi prefers node01=INFINITY
# pcs constraint location fence_n02_ipmi prefers node02=-INFINITY
```

6.4 Deshabilitando STONITH

IMPORTANTE: Esto solo lo deberíamos hacer en entornos de pruebas, NUNCA en producción.

Si no vamos a usar STONITH (entre otras cosas porque nuestro hardware no lo soporta)

```
# pcs property set stonith-enabled=false
```

IMPORTANTE: A partir de la versión **1.1.12-1** de Pacemaker, controld (DLM) NO inicia si stonith está deshabilitado y no hay definido un dispositivo de fencing. Para poder realizar pruebas he desarrollado un script que simula un dispositivo de fencing y que nos permite gestionar stonith manualmente.

/usr/sbin/fence_manual

```
#!/usr/bin/python

# Agente de fencing para entornos de pruebas donde no disponemos
# de hardware especifico:
#       El fencing se debera realizar manual
#       Se debera indicar al nodo superviviente que el nodo cercado ha
#       sido apagado
#
# Funcionamineto: Cuando se tiene que cercar un nodo, el sistema enviará
# un correo root@localhost
#       En ese momento root deberá apagar el nodo a cercar
#       y posteriormente entrar en el nodo superviviente y ejecutar
#       echo 2 >/tmp/nombre_nodo
#       para indicarle a pacemaker que el nodo cercado esta apagado.
#

import os
import sys
import atexit
sys.path.append("/usr/share/fence")
from fencing import *

#BEGIN_VERSION_GENERATION
RELEASE_VERSION="0.1.1"
BUILD_DATE="(built Fri May 15 12:00:00 UTC 2015)"
ARUBIO_COPYRIGHT="Copyright (C) A.Rubio 2015."
#END_VERSION_GENERATION

### FUNCTIONS ###
def get_power_status(conn, options):
        del conn
        p = os.popen('cat /tmp/'+options["-ip"])
        while 1:
                line = p.readline()
```

```
                if line == '2\n': return "off"  # DOWN
                elif line == '0\n': return "on"  # OK or UP
                #elif line == '1\n': return "error"  # ERROR
                else: return "on"
                #if not line: break

def set_power_status(conn, options):
        del conn
        # Enviamos correo de que tenemos que matar al nodo
        #status_file = open(options["/tmp/"+option["-ip"]], "w")
        if options["--action"] == "off":
                os.popen('echo -e "Hay que cercar el nodo "'+options["--ip"]+' |mail -s "fence_manual: hay que cercar el nodo "'+options["--ip"]+' root@localhost')
                #status_file.write(2)
        elif options["--action"] == "on":
                os.popen('echo -e "Hay que arrancar el nodo "'+options["--ip"]+' |mail -s "fence_manual: hay que arrancar el nodo "'+options["--ip"]+' root@localhost')
        elif options["--action"] == "reboot":
                os.popen('echo -e "Hay que reiniciar el nodo "'+options["--ip"]+' |mail -s "fence_manual: hay que reiniciar el nodo "'+options["--ip"]+' root@localhost')
        else:
                os.popen('echo -e "Hay que hacer algo al nodo "'+options["--ip"]+' |mail -s "fence_manual: hay que hacer algo al nodo "'+options["--ip"]+' root@localhost')
        #status_file.close()

# Main agent method
def main():

        # Valores a devolver:
        # result = 0 -> Operacion OK o Nodo UP
        # result = 1 -> ERROR
        # result = 2 -> Node Down

        device_opt = [ "ipaddr", "login", "passwd" ]

        atexit.register(atexit_handler)

        options = check_input(device_opt, process_input(device_opt))
        docs = { }
        docs["shortdesc"] = "Agente de Fencing para entornos de pruebas. Fencing manual"
```

```
        docs["longdesc"] = "fence_manual es un Agente de Fencing \
para entornos de pruebas. El cercado se debe realizar manualmente \
y una vez apagado el nodo cercado se debe comunicar al nodo superviviente \
que el primero a sido apagado."
        docs["vendorurl"] = "http://clusters.arubio.net"
        show_docs(options, docs)

        # Operate the fencing device
        result    =    fence_action(None,    options,    set_power_status,
get_power_status, None)

        sys.exit(result)
if __name__ == "__main__":
    main()
```

Para hacer uso de dispositivo de fencing copiaremos el script
en /usr/sbin/fence_manual

Posteriormente lo podremos definir en nuestro cluster de la siguiente forma

```
# pcs cluster cib stonith_cfg
# pcs -f stonith_cfg stonith create fence_nodo01 fence_manual \
      ipaddr="node01" action="off" passwd="passwd" login="admin" \
      pcmk_host_list="node01" op monitor interval=300s
# pcs -f stonith_cfg stonith
# pcs -f stonith_cfg property set stonith-enabled=true
# pcs -f stonith_cfg property
# pcs cluster cib-push stonith_cfg
```

A partir de este momento, cuando el sistema pretenda cercar un nodo enviará un correo root@localhost. En ese momento root deberá apagar el nodo a cercar y posteriormente entrar en el nodo superviviente y ejecutar el siguiente comando para indicarle a Pacemaker que el nodo cercado esta apagado.

```
# echo 2 >/tmp/nombre_nodo
```

6.5 Probar fencing

Una vez configurado el quorum y el fencing en nuestro cluster deberíamos probar que funcionan correctamente y no continuar hasta que lo tengamos correctamente funcionando y probado.

Para ello deberemos simular un fallo primero en un nodo, comprobar que todo funciona correctamente y el comportamiento es el deseado. Luego realizar lo mismo simulando el fallo en el otro nodo.

Comando para "simular un fallo" de un nodo (en uno de los nodos) `https://www.centos.org/docs/5/html/5.1/Deployment_Guide/s3-proc-sys-kernel.html`

```
# echo c >/proc/sysrq-trigger
```

Si estamos en un entorno de pruebas donde no disponemos de dispositivos de fencing y tenemos el stonith deshabilitado, deberemos lanzar el siguiente comando desde el nodo vivo para sobrescribir manualmente el estado (en el otro nodo)

```
# pcs stonith confirm nodo01
```

Si estamos usando DLM y DRBD, deberemos indicarle a DLM que salga de su estado de bloqueo mediante el siguiente comando

```
# dlm_tool fence_ack id_nodo1
```

Para que este comando funcione deberemos haber ejecutado dlm_controld con los parámetros -s 0 -q 1 por ejemplo habiendo modificado el fichero /usr/lib/ocf/resources.d/pacemaker/controld o pasándole los mismos como argumentos (SOLO en entornos de pruebas donde no dispongamos de dispositivos de fencing).

Podremos ver los logs en /var/log/messages y /var/log/cluster/corosync.log

6.6 Otras configuraciones del archivo /etc/corosync/corosync.conf

6.6.1 Configurar totem

Hay varios atributos para este elemento, pero por ahora sólo nos vamos a centrar en dos de ellos.

rrp_mode para indicar si vamos a usar un segundo anillo para la comunicación entre los nodos del cluster. En el caso de usarla el valor puede ser active o passive

secauth indica si las comunicaciones entre los nodos serán encriptadas o no. Como vamos a trabajar en una red privada lo podemos desactivar. Este parámetro está obsoleto, se sustituye por crypto_cipher y crypto_hash

6.6.2 Múltiples anillos

Si deseamos configurar múltiples anillos para comunicar los diferentes nodos del cluster.

```
totem
        version: 2
        secauth: off
        cluster_name: kuster-test
        transport: udpu
        rrp_mode: passive

nodelist
        node
                ring0_addr: nodo01
                ring1_addr: nodo01.vlan2
                nodeid: 1

        node
                ring0_addr: nodo02
                ring1_addr: nodo02.vlan2
                nodeid: 2
```

6.6.3 Cluster de 2 nodos

Para indicarle a nuestro cluster que vamos a trabajar con 2 nodos usaremos los siguiente parámetros en el archivo /etc/corosync/corosync.conf.

two_node: 1. Habilita la configuración para un cluster de dos nodos (valor por defecto 0).

wait_for_all: 0. Indica al cluster si debe esperar a tener quorum para empezar a ejecutar los recursos. El valor por defecto para clusters de más de dos nodos es 0 (no esperar), pero si habilitamos la configuración de dos nodos (two_node: 1), esta opción pasa a configurarse por defecto a 1 (esperar).

6.6.4 Otras propiedades y opciones del Cluster

Propiedades que gestionan la versión de la configuración

Cuando un nodo se une al cluster, deberá comprobar la versión de su configuración y en el caso de no coincidir con la del resto de nodos deberá actualizarse. Para ello los nodos usan las propiedades

admin_epoch. Nunca se modificará por el cluster y nunca se debe poner a cero.

epoch. Se incrementa cada vez que la configuración ha sido actualizada, normalmente por el administrador.

num_updates. Se incrementa cada vez que la configuración ha sido actualizada, normalmente por el cluster.

Propiedad que controla la validación

validate-with determina el tipo de validación que se realiza en la configuración. Si se establece a "none" el cluster no comprobará si se realizan actualizaciones. Esta opción puede resultar interesante cuando se están actualizando los nodos de versión y durante un tiempo tenemos un sistema mixto con diferentes versiones del cluster.

Propiedades mantenidas por el cluster

cib-last-written. Indica cuando fue modificada la configuración del cluster por última vez. Simplemente sirve para informar.

dc-uuid. Indica que nodo es el lider. Usado por el cluster cuando ubica recursos y determina el orden de algunos eventos.

have-quorum. Indica si el cluster tiene quorum.

dc-version. Versión de Pacemaker.

cluster-infraestructure. Heartbeet, openains, cman, corosync. Sirve para informar y como diagnostico.

expected-quorum-votes. Número máximo de nodos que se espera que formen parte del cluster. Usado para calcular el quorum.

Opciones más comunes

batch-limit. Número de procesos que se pueden ejecutar en el cluster simultáneamente. Default: 30. El valor correcto dependerá de la velocidad y carga de la red y nodos del cluster.

migration-limit. Número de trabajos de migración que se pueden ejecutar en paralelo en un nodo. Default: -1 (ilimitado).

no-quorum-policy. Determina que debe hacer el cluster cuando no tiene quorum. Puede tener los valores ignore (ignora la perdida de quorum y sigue con la ejecución de los recursos), freeze (continua con la ejecución de los recursos pero no recupera aquellos que están en la partición no afectada), stop (detiene todos los recursos en la partición afectada), suicide (cerca todos los nodos de la partición afectada). Default: stop

stonith-enabled. Default: true

stonith-action. Valores permitidos reboot y off. poweroff también se admite pero sólo en dispositivos que lo admiten. Default: reboot.

resource-stickiness. Deprecated. Especifica la aversión de mover recursos a otros nodos.

Muchas más opciones en la documentación oficial de Pacemaker `http://clusterlabs.org/doc/en-US/Pacemaker/1.1-pcs/html-single/Pacemaker_Explained/index.html#_cluster_options`

Capítulo 7

Almacenamiento

En esta unidad estudiaremos tanto los sistemas de almacenamiento propiamente dichos como los discos duros y sus principales sistemas de ficheros, evaluando en cada caso las mejores opciones para nuestros propósitos, teniendo siempre presente el coste de cada una de las opciones propuestas y su rendimiento.

7.1 Hardware. Sistemas de Almacenamiento

7.1.1 SAN

Una **SAN** (Storage Area Network) es una red de almacenamiento dedicado que proporciona acceso a nivel de bloque a LUNs. Un LUN, o número de unidad lógica, es un disco virtual proporcionado por la SAN. El administrador del sistema tiene el mismo acceso y los derechos a la LUN como si fuera un disco directamente conectado a la misma. El administrador puede particionar y formatear el disco a su antojo.

Una SAN principalmente, está basada en tecnología **fibre channel** y más recientemente en **iSCSI**.

Una SAN se puede considerar una extensión de Direct Attached Storage (DAS).

Tanto en SAN como en DAS, las aplicaciones y programas de usuarios hacen sus peticiones de datos al sistema de ficheros directamente.

7.1.2 NAS

NAS (Network Attached Storage) es una tecnología de almacenamiento dedicada a compartir la capacidad de almacenamiento de un (Servidor) con ordenadores personales o servidores clientes a través de una red (normalmente TCP/IP), haciendo uso de un Sistema Operativo optimizado para dar acceso mediante protocolos como CIFS, NFS o FTP.

Los protocolos de comunicaciones NAS son basados en ficheros por lo que el cliente solicita el fichero completo al servidor y lo maneja localmente.

7.1.3 DAS

Direct Attached Storage (DAS) es el método tradicional de almacenamiento y el más sencillo. Consiste en conectar el dispositivo de almacenamiento directamente al servidor o estación de trabajo, es decir, físicamente conectado al dispositivo que hace uso de él.

Tanto en DAS como en SAN (Storage Area Network), las aplicaciones y programas de usuarios hacen sus peticiones de datos al sistema de ficheros directamente. La diferencia entre ambas tecnologías reside en la manera en la que dicho sistema de ficheros obtiene los datos requeridos del almacenamiento. En una DAS, el almacenamiento es local al sistema de ficheros, mientras que en una SAN, el almacenamiento es remoto. En el lado opuesto se encuentra la tecnología NAS (Network-attached storage), donde las aplicaciones hacen las peticiones de datos a los sistemas de ficheros de manera remota.

7.1.4 DRBD

DRBD (Distributed Replicated Block Device) [13] es una paquete de software que nos permite crear una especie de RAID1 entro dos discos/sistemas conectados a través de la red/lan, sincronizando los datos entre las diferentes particiones de los dos servidores diferentes, tal como se muestra en la figura 7.1.

7.1.5 Comparativa

El opuesto a NAS es la conexión DAS (Direct Attached Storage) mediante conexiones IDE, SCSI, SAS o SATA, o la conexión SAN (Storage Area Network) por fibra óptica o iSCSI, en ambos casos con tarjetas de conexión específicas. Estas conexiones directas (DAS) son por lo habitual dedicadas.

En la tecnología NAS, las aplicaciones y programas de usuario hacen las peticiones de datos a los sistemas de ficheros de manera remota mediante protocolos CIFS y NFS, el almacenamiento es local al sistema de ficheros. Sin embargo, DAS y

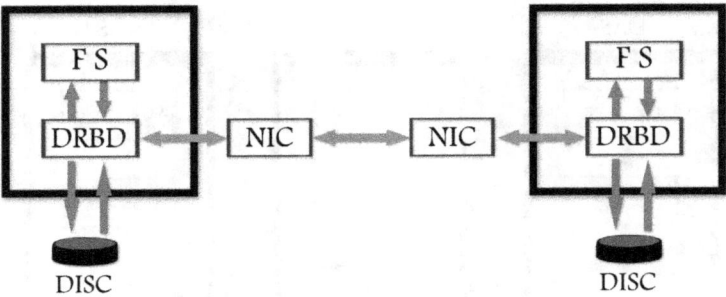

Figura 7.1: Esquema funcionamiento DRBD

SAN realizan las peticiones de datos directamente al sistema de ficheros, como se muestra en la figura 7.3.

Las ventajas del NAS sobre la conexión directa (DAS) son la capacidad de compartir las unidades, un menor coste, la utilización de la misma infraestructura de red y una gestión más sencilla. Por el contrario, NAS tiene un menor rendimiento y fiabilidad por el uso compartido de las comunicaciones.

Una SAN se puede considerar una extensión de Direct Attached Storage (DAS). Donde en DAS hay un enlace punto a punto entre el servidor y su almacenamiento, una SAN permite a varios servidores acceder a varios dispositivos de almacenamiento en una red compartida. Tanto en SAN como en DAS, las aplicaciones y programas de usuarios hacen sus peticiones de datos al sistema de ficheros directamente. La diferencia reside en la manera en la que dicho sistema de ficheros obtiene los datos requeridos del almacenamiento. En DAS, el almacenamiento es local al sistema de ficheros, mientras que en SAN, el almacenamiento es remoto. SAN utiliza diferentes protocolos de acceso como Fibre Channel y Gigabit Ethernet. En el lado opuesto se encuentra la tecnología Network-attached storage (NAS), donde las aplicaciones hacen las peticiones de datos a los sistemas de ficheros de manera remota mediante protocolos CIFS y Network File System (NFS), ver figura 7.2 y 7.3.

No obstante, pese a que DRBD no es exactamente hardware de almacenamiento en red, si que presenta varias funcionalidades que lo sitúan como un buen candidato para sustituir cualquiera de los métodos anteriores, ya que conseguirá reducir costes respecto a los sistemas SAN y aumentar rendimiento respecto a los sistemas NAS, con las limitaciones de que con DRBD el sistema de ficheros solamente será

Capítulo 7. Almacenamiento

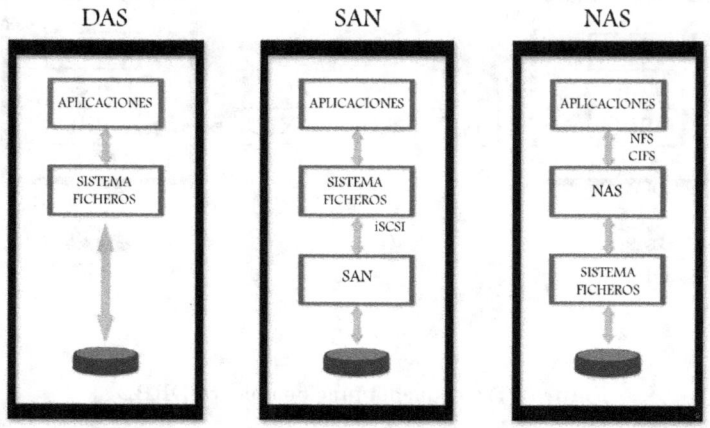

Figura 7.2: Estructura de los Sistemas de Almacenamiento

Figura 7.3: Esquema de acceso a los Sistemas de Almacenamiento

accesible desde dos servidores.

7.2 Hardware. Discos Duros

En cuanto a las diferentes tecnologías de discos duros, estudiaremos las principales diferencias entre los sistemas básicos SATA, los sistemas de alto rendimiento SAS y los nuevos sistemas SSD basados en memoria no volátiles tipo flash con unos tiempos de acceso muy superiores a cualquier otra tecnología usada hasta estos momentos, viendo en cada uno de los casos sus tiempos de acceso, los mejores campos de aplicación y por supuesto su coste.

7.2.1 SAS

Serial Attached SCSI [28], es una interfaz de transferencia de datos en serie, sucesor del SCSI (Small Computer System Interface) paralelo, aunque sigue utilizando comandos SCSI para interaccionar con los dispositivos SAS. Aumenta la velocidad, permite la conexión y desconexión de forma rápida.

La primera versión apareció a finales de 2003, SAS 300, que conseguía un ancho de banda de 3Gb/s, lo que aumentaba ligeramente la velocidad de su predecesor, el SCSI Ultra 320MB/s (2,560 Gb/s). La siguiente evolución, SAS 600, consigue una velocidad de hasta 6Gb/s, ver especificaciones en la tabla 7.1.

Una de las principales características es que aumenta la velocidad de transferencia al aumentar el número de dispositivos conectados, es decir, puede gestionar una tasa de transferencia constante para cada dispositivo conectado, además de terminar con la limitación de 16 dispositivos existente en SCSI.

Además, el conector es el mismo que en la interfaz SATA y permite utilizar estos discos duros para aplicaciones con menos necesidad de velocidad, ahorrando costos. Por lo tanto, los discos SATA pueden ser utilizados por controladoras SAS pero no a la inversa, una controladora SATA no reconoce discos SAS.

Especificaciones Técnicas	Serial Attached SCSI
Prestaciones	Full Duplex con Link Aggregation (Ancho de banda 24 Gb/sec)
	SAS 3 Gb/s
	SAS2 6 Gb/s
Conectividad	8 metros de cable externo
	128 dispositivos
	Expansores de puerto
	(16K+ dispositivos totales)
Disponibilidad	Dual-port HDDs
	Multi-initiator punto a punto
Driver	Software transparente con SCSI

Tabla 7.1: Especificaciones técnicas SAS

7.2.2 SATA

Serial ATA [29], es una interfaz de transferencia de datos entre la placa base y algunos dispositivos de almacenamiento, como puede ser el disco duro, lectores y regrabadores de CD/DVD/BR, etc. Serial ATA sustituye a la tradicional **Parallel ATA** o P-ATA. SATA proporciona mayores velocidades, mejor aprovechamiento cuando hay varias unidades, mayor longitud del cable de transmisión de datos y capacidad para conectar unidades al instante.

La primera generación tiene una transferencias de 150 MB por segundo, también conocida por **SATA** 150 MB/s o Serial ATA-150. Actualmente se comercializan dispositivos **SATA II**, a 300 MB/s, también conocida como Serial ATA-300 y los **SATA III** con tasas de transferencias de hasta 600 MB/s.

Las Unidades que soportan la velocidad de 6Gb/s son compatibles con un bus de 3Gb/s.

7.2.3 SSD

Una **unidad de estado sólido** [30] es un dispositivo de almacenamiento de datos que usa una memoria no volátil, como la memoria flash. En comparación con los discos duros tradicionales, las unidades de estado sólido son menos susceptibles a golpes, son prácticamente inaudibles y tienen un menor tiempo de acceso y de latencia. Los SSD hacen uso de la misma interfaz que los discos duros y por tanto son fácilmente intercambiables sin tener que recurrir a adaptadores o tarjetas de expansión para compatibilizarlos con el equipo.

Los dispositivos de estado sólido que usan flash tienen varias ventajas únicas frente a los discos duros mecánicos:

- Arranque más rápido.

- Gran velocidad de lectura/escritura.

- Baja latencia de lectura y escritura, cientos de veces más rápido que los discos mecánicos.

- Menor consumo de energía y producción de calor. Resultado de no tener elementos mecánicos.

- Sin ruido. La misma carencia de partes mecánicas los hace completamente inaudibles.

- Rendimiento determinístico. A diferencia de los discos duros mecánicos, el rendimiento de los SSD es constante y determinístico a través del almacenamiento entero. El tiempo de "búsqueda" constante.

Los dispositivos de estado sólido que usan flash tienen también varias desventajas:

- Precio. Los precios de las memorias flash son considerablemente más altos en relación precio/gigabyte.

- Menor recuperación. Después de un fallo físico se pierden completamente los datos pues la celda es destruida, mientras que en un disco duro normal que sufre daño mecánico los datos son frecuentemente recuperables usando ayuda de expertos.

- Vida útil. En cualquier caso, reducir el tamaño del transistor implica reducir la vida útil de las memorias NAND, se espera que esto se solucione con sistemas utilizando memristores (memory resistor).

7.2.4 Comparativa

Si medimos **MB/seg** comprobaremos que los discos SAS son (sólo), un 25 % o 30 % más rápidos que los SATA.

Hablando de **IOPS** (operaciones de entrada/salida por segundo), un disco SATA, difícilmente llega al 20 % de lo que ofrece un SAS de forma sostenida.

Para ciertos usos lo importante puede ser tener discos con mucha transferencia MB/seg:

- Streaming, modelado 3D, Backup...

Para los usos anteriores, un disco SATA es una magnífica elección, dado que su coste (por MB) es menor y una pérdida de rendimiento del 25 % o 30 % con respecto al SAS puede ser justificable en función de la aplicación.

- Bases de datos, Virtualización, Mail Server DB (Exchange)...

Con aplicaciones y sistemas operativos, donde vamos a pedir mil y un datos de forma concurrente al disco, sin duda el disco a seleccionar es SAS. Un rendimiento hasta 5 veces mayor justifica los costes. Además los discos SAS, disponen de otras características como Full duplex interface (half duplex en SATA), tiempos medios de búsqueda menores y más longevidad

Por otro lado, los discos SAS suelen ofrecer hasta 1,2 millones de horas de tiempo medio entre fallos trabajando las 24 horas del día, mientras los SATA ofrecen alrededor de 1 millón de horas pero asignándoles una carga de alrededor de 8 horas diarias de trabajo.

Los SSD, hoy por hoy, tienen como principales inconvenientes la durabilidad y el coste, pero en el momento en que se solucionen, es casi inevitable que empiecen a copar el mercado de disco de alto rendimiento.

7.3 Software. Sistemas de ficheros

Un sistema de archivos define todo lo relativo a la organización y gestión de archivos de computadora, además de los datos que estos contienen, para hacer más fácil la tarea de localización y uso. Los sistemas de archivos más comunes utilizan dispositivos de almacenamiento de datos (Discos Duros, CDS, Floppys, USB Flash, etc.) e involucran el mantenimiento de la localización física de los archivos.

Más formalmente, un sistema de archivos es un conjunto de tipo de datos abstractos que son implementados para el almacenamiento, la organización jerárquica, la manipulación, el acceso, el direccionamiento y la recuperación de datos. Los sistemas de archivos comparten mucho en común con la tecnología de las bases de datos.

En general, los sistemas operativos tienen su propio sistema de archivos. En ellos, los sistemas de archivos pueden ser representados de forma textual (ej.: el shell de DOS) o gráficamente (p.ej.: Explorador de archivos en Windows) utilizando un gestor de archivos.

El software del sistema de archivos es responsable de la organización de estos sectores en archivos y directorios, además mantiene un registro de qué sectores pertenece a qué archivos y cuáles no han sido utilizados.

Los sistemas de archivos pueden ser clasificados comúnmente en tres categorías: sistemas de archivos de disco, sistemas de archivos de red y sistemas de archivos de propósito especial.

Sistemas de archivos de disco. Tipo especial de sistema de archivos diseñado para el almacenamiento, acceso y manipulación de archivos en un dispositivo de almacenamiento.

Son sistemas de archivos de disco: EFSa, EXT2, EXT3, FAT (sistema de archivos de DOS y algunas versiones de Windows), UMSDOS, FFS, Fossil ,HFS (para Mac OS), HPFS, ISO 9660 (sistema de archivos de sólo lectura para CD-ROM), JFS, kfs, MFS (para Mac OS), Minix, NTFS (sistema de archivos de Windows NT, XP y Vista), OFS, ReiserFS, Reiser4, UDF (usado en DVD y en algunos CD-ROM), UFS, XFS, etc.

Sistemas de archivos de red. Tipo especial de sistema de archivos diseñado para acceder a sus archivos a través de una red. Este sistema de puede clasificar en dos: los sistemas de ficheros distribuidos (no proporcionan E/S en paralelo) y los sistemas de ficheros paralelos (proporcionan una E/S de datos en paralelo).

Son ejemplos de sistema de archivos distribuidos: AFS, AppleShare, CIFS (también conocido como SMB o Samba), Coda, InterMezzo, NSS (para sistemas Novell Netware 5), NFS.

Son ejemplos de sistema de archivos paralelos: PVFS, PAFS.

Sistemas de archivos de propósito especial. Aquellos tipos de sistemas de archivos que no son ni sistemas de archivos de disco, ni sistemas de archivos de red.

Ejemplos: acme (Plan 9), archfs, cdfs, cfs, devfs, udev, ftpfs, lnfs, nntpfs, plumber (Plan 9), procfs, ROMFS, swap, sysfs, TMPFS, wikifs, LUFS, etc.

7.3.1 Comparativa

A continuación vamos a realizar una comparativa de varios sistemas de archivos más usados actualmente y que más se adaptan a los nuestros propósitos.

Límites

Sistema de Ficheros	Longitud máxima del nombre de archivo	Longitud máxima de la ruta	Tamaño máximo del archivo	Tamaño máximo del volumen
ext3	255 bytes	Límites no definidos	16 GB to 2 TB	2 TB to 32 TB
ext4	255 bytes	Límites no definidos	16 GB to 16 TB	1 EB (pero las herramientas de usuario lo limitan a 16 TB)
Lustre	255 bytes	Límites no definidos	320 TB en ext4	2^{20} EB en ext4 (10 PB probados)
GFS	255 bytes	Límites no definidos	2 TB to 8 EB	2 TB to 8 EB
GFS2	255 bytes	Límites no definidos	2 TB to 8 EB	2 TB to 8 EB
OCFS	255 bytes	Límites no definidos	8 TB	8 TB
OCFS2	255 bytes	Límites no definidos	4 PB	4 PB

Tabla 7.2: Diferentes límites en los sistemas de ficheros estudiados

Características

Sistema de Ficheros	Hard links	Links simbólicos	Block journaling	Case sensitive	Case preserving	Log de cambios en ficheros	Snapshot	Encriptación	Se puede redimensionar el volumen
ext3	Si	Si	Si	Si	Si	No	No	No	Si offline
ext4	Si	Si	Si	Si	Si	No	No	No	Si offline
Lustre	Si	Si	Si	Si	Si	Si en 2.0	No	No	Si
GFS	Si	Si	Si	Si	Si	No	No	No	Desconocido
GFS2	Si	Si	Si	Si	Si	No	No	No	Si
OCFS	No	Si	No	Si	Si	No	No	No	Desconocido
OCFS2	Si	Si	Si	Si	Si	No	No	No	Si online. versión 1.4 y superiores

Tabla 7.3: Principales características de los sistemas de ficheros

Case-preserving: Cuando un sistema de ficheros guarda la información "Mayúsculas" sea o no Case-sensitive. Ejem.: NTFS no es case-sensitive pero si que es case-preserving.

Log de cambios en ficheros: Guarda los cambios en ficheros y directorios. Suele guardar información de creación, modificación, links, cambio de permisos, etc. Se diferencia del journaling porque este sólo sirve para dos propósitos generales: Backups, replicaciones, etc. Y auditorías del sistema de ficheros.

Sistemas Operativos Soportados

Sistema de Ficheros	Windows	Linux	Mac OS X	FreeBSD
ext3	Parcial con Ext2 IFS o ext2fsd	Si	con fuse-ext2 y ExtFS	Si
ext4	No	Si desde kernel 2.6.28	Parcial con fuse-ext2	No
Lustre	Parcial - en desarrollo	Si	Parcial - via FUSE	Parcial - via FUSE
GFS	Desconocido	Si	Desconocido	No
GFS2	No	Si	Desconocido	No
OCFS	Desconocido	Si	Desconocido	No
OCFS2	Desconocido	Si	Desconocido	No

Tabla 7.4: Sistemas Operativos que soportan estos sistemas de ficheros

De los sistemas de archivos anteriores nos vamos a centrar en Lustre, GFS2 y OCFS2 dado que se tratan de sistemas de ficheros para clusters y se ajustan a las características que requerimos.

Lustre

Es un sistema de archivos distribuido Open Source, normalmente utilizado en clusters a gran escala. El nombre es una mezcla de Linux y clusters. El proyecto intenta proporcionar un sistema de archivos para clusters de decenas de miles de nodos con petabytes de capacidad de almacenamiento, sin comprometer la velocidad o la seguridad y está disponible bajo la GNU GPL.

Gracias a su gran rendimiento y escalabilidad, utilizar Lustre en sistemas MPP (Massively Parallell Processor) es lo más adecuado.

Global File System (GFS2)

El sistema de archivos GFS2 es un sistema de archivos nativo que interactúa directamente con la interfaz del sistema de archivos del kernel de Linux (VFS). Un sistema de archivos GFS2 puede ser implementado en un sistema independiente o como parte de una configuración de cluster. Cuando se implementa como un sistema de archivo de cluster, GFS2 emplea metadatos distribuidos y varios diarios.

GFS2 proporciona compartición de datos entre los nodos GFS2 de un cluster, con una única visualización consistente del espacio de nombres del sistema de archivos entre todos los nodos de GFS2. Esto le permite a los procesos en nodos diferentes compartir archivos GFS2 del mismo modo que los procesos en el mismo nodo pueden compartir archivos en un sistema de archivos local, sin ninguna diferencia discernible.

OCFS2

OCFS2 es un Sistema de ficheros en Cluster que permite el acceso simultáneo de múltiples nodos. Cada nodo OCFS2 dispone de un sistema de ficheros montado, regularmente escribe un fichero meta-data permitiendo a los otros nodos saber que se encuentra disponible.

Capítulo 8

DRBD (v8.4)

La primera decisión que deberemos tomar cuando vayamos a configurar los nodos DRBD será la forma en la que queremos trabajar. Vamos a tener dos opciones Single-primary o Dual-primary.

En el primer caso "Single-primary" solo vamos a poder acceder a los datos en uno de los nodos, el que tengamos definido como máster, el otro estará esperando con los datos sincronizados para que en el momento que lo necesitemos activar como máster después de haber degradado el primero a esclavo.

En el segundo caso "Dual-primary" podremos hacer uso de los datos en los dos nodos simultáneamente, habilitando los dos nodos como máster. En este caso, nos veremos forzados a usar un sistema de ficheros de cluster que nos permita el acceso simultaneo desde varios nodos.

8.1 Opción 1. Instalación desde código

Si queremos instalar desde código las herramientas drbd las podemos descargar de http://oss.linbit.com/drbd/

La versión de las herramientas debe coincidir con la del módulo DRBD del kernel. Podremos comprobar que versiones son las correctas en http://www.drbd.org/download/mainline/

Podemos descargar la versión deseada del kernel de linux desde www.kernel.org

en /usr/src/kernels

```
# wget https://www.kernel.org/pub/linux/kernel/v3.x/linux-3.10.48.tar.xz
```

Descomprimir el kernel con:

```
# tar -xvJf linux-3.10.48.tar.xz
```

Para compilar el kernel debemos tener instaladas las herramientas de desarrollo.

```
# yum install gcc ncurses-devel flex
```

Para asegurarnos que el kernel que vamos a compilar funcione sin problemas en nuestra máquina, podemos usar la configuración actual del kernel que esta en ejecución. Para ello, veremos cual es la versión del kernel que tenemos en ejecución y copiaremos la configuración del mismo al directorio del código.

```
# uname -a
# cp /boot/config-3.10.0-123.4.2.el7.x86_64 .config
```

Editaremos la configuración del kernel.

```
# make menuconfig
```

Y comprobaremos que los módulos del drbd y gfs2 están habilitados. También gfs2 porque se trata del sistema de ficheros que tenemos previsto utilizar a lo largo de estas prácticas.

```
Device Drivers -- >
        Block devices
                <M>DRBD Distributed Replicated Block Device support

File systems -- >
        <M>GFS2 file system support
            [*] GFS2 DLM locking
```

Para compilar el kernel e instalarlo ejecutaremos los siguientes comandos

```
# make
# make modules_install
# make install
```

Al compilar podemos usar el parámetro -j indicándole el número de cores que tenemos en el sistema o los que queremos usar para agilizar la compilación.

Los cores que tenemos los podemos ver en /proc/cpuinfo

Adicionalmente, podemos ejecutar los tres comandos anteriores en una sola linea utilizando el separador && que permitirá que cada instrucción se ejecute después de la anterior si esta ha terminado correctamente.

Por lo tanto, en un sistema en el que tuviésemos 4 cores podríamos compilar el kernel de la siguiente manera.

```
# make -j 4 && make modules_install && make install
```

A continuación modificaremos grub para que inicie con el nuevo kernel. Le indicamos que arranque con la opción del menú 0 por defecto, que es la última entrada creada al hacer el make install

```
# grub2-set-default 0
```

Otra alternativa es indicarle a grub el kernel con el que iniciar, usando la descripción con la que se identifica (etiqueta *menuentry* del archivo /boot/grub2/grub.conf).

```
# grub2-set-default "CentOS Linux (3.10.48) 7 (Core)"
```

Podemos ver las diferentes entradas del menú en /boot/grub2/grub.cfg

Si queremos empaquetar el kernel que acabamos de compilar para distribuirlo entre los otros nodos del cluster, instalaremos el paquete rpm-build.

```
# yum install rpm-build
```

Y una vez compilado el kernel crearemos el paquete.

```
# make rpm
```

Este comando creará un paquete rpm en /root/rpmbuild/RPMS/x86_64/, el cual podremos copiar a los otros nodos e instalar con.

```
# rpm -ivh kernel...rpm
# grub2-set-default 0
```

En el siguiente paso debemos descargar las utilidades del drbd correspondientes a la versión del kernel que hemos compilado desde `http://oss.linbit.com/drbd/`, compilarlas e instalarlas.

Recuerda que la correspondencia entre versiones del kernel y utilidades la podemos encontrar en el siguiente enlace. `http://www.drbd.org/download/mainline/`

```
# wget http://oss.linbit.com/drbd/8.4/drbd-8.4.3.tar.gz
# tar -xvzf drbd-8.4.3.tar.gz

# ./configure
# make
# make install
```

Si queremos instalar la documentación de drbd

```
# make doc
```

NOTA: A partir de la versión 8.4.5 de DRBD y superior a la 3.10 del kernel se deben descargar, configurar, compilar e instalar el paquete drbd-utils-8.9.X de la página indicada anteriormente en vez del paquete drbd-8.4.3.X.

8.2 Opción 2. Instalación desde repositorio externo

Podemos usar el repositorio de CentOS o el repositorio ELRepo. Vamos a tener que fijarnos en la versión de DRBD que usemos (8.3 o 8.4) ya que dependiendo de la misma deberemos usar el módulo del kernel correspondiente y la configuración entre las dos versiones cambia sutilmente. Nosotros vamos a trabajar con la 8.4 que es la más actual en estos momentos.

Existe una tercera opción a través del repositorio de linbit con soporte incluido a un precio que oscila entre los $1.000 y $3.000 según el tipo de soporte deseado.

http://www.linbit.com/en/products-and-services/drbd-support/pricing/pricing-euro

Para **instarlar drbd desde ELRepo**, en ambos nodos añadiremos el repositorio..

```
# rpm --import https://www.elrepo.org/RPM-GPG-KEY-elrepo.org
# rpm -Uvh http://www.elrepo.org/elrepo-release-7.0-2.el7.elrepo.noarch.rpm

# yum install drbd84-utils kmod-drbd84
```

Tal como haremos con todos los servicios que instalemos y que queramos que sean gestionados finalmente por el cluster, deshabilitamos drbd del inicio. En este caso solamente será necesario deshabilitarlo si hemos instalado los scripts de inicio drbd84-utils-sysvinit.

```
# systemctl disable drbd
```

8.3 Crear partición

Siempre es interesante, pero más si vamos a usar máquinas virtuales, alinear los bloques del disco cuando creemos las particiones para un óptimo funcionamiento. Para ello, si usamos parted, podemos usar la opción "-a optimal"

Si vamos a usar cLVM para crear los volúmenes lógicos (particiones) sobre los que trabajaremos, el alineamiento lo gestiona por si solo LVM, aunque no esta nunca de más realizarlo en este punto.

```
# parted -a optimal /dev/sda

# print free
```

```
Model: ATA ST500DM002-1BD14 (scsi)
Disk /dev/sda: 500GB
Sector size (logical/physical): 512B/4096B
Partition Table: msdos


Numero  Inicio   Fin      Tamaño   Tipo         Sistema de ficheros  Banderas
        32,3kB   1049kB   1016kB   Free Space
1       1049kB   64,4GB   64,4GB   primary      ext4                 arranque
2       64,4GB   118GB    53,7GB   primary      ext4
3       118GB    127GB    8590MB   primary      linux-swap(v1)
        127GB    500GB    373GB    Free Space
```

En nuestro caso, vamos a crear una partición de unos 50GB que será suficiente para las pruebas que deseamos realizar.

```
# mkpart primary 127GB 176GB
```

Alineamos la partición que acabamos de crear (4)

```
# align-check opt 4
```

Salimos de parted y en caso de estar usando el mismo disco donde tenemos el sistema, deberemos reiniciar para que se apliquen los cambios realizados.

8.4 Configuración

Si hemos instalado desde repositorio, los archivos de configuración de drbd estarán situados en /etc/drbd.conf y /etc/drbd.d/*

Si hemos instalado desde código los archivos de configuración estarán en /usr/local/etc/drbd.conf y /usr/local/etc/drbd.d/*

En este segundo caso deberemos crear enlaces a estos archivos en /etc

```
# ln -s /usr/local/etc/drbd.conf /etc/drbd.conf
# ln -s /usr/local/etc/drbd.d /etc/drbd.d
```

IMPORTANTE: Lo mismo nos ocurre con el directorio /usr/lib/drbd, que se encuentra en /usr/local/lib/drbd si instalamos desde código, por lo que deberemos tenerlo en cuenta a la hora de usar los scripts que se encuentran en uno u otro directorio.

Podemos encontrar la explicación detallada de cada unos de estos parámetros y muchos más en el apéndice C y en `http://www.drbd.org/users-guide/re-drbdconf.html`

global_common.conf

```
# En este archivo se establecen los parámetros de configuración comunes
# a todos los recursos
# DRBD del sistema
global {
        # envía estadísticas anónimas de uso a DRBD para contabilizar
        # el número de hosts que lo están ejecutando. Estas estadísticas
        # se pueden ver en http://usage.drbd.org
        # Acepta 3 valores, yes, no y ask (por defecto).
        usage-count no;
}
common {
        # protocol define el tipo de sincronización que vamos a usar.
        # Asíncrona/Síncrona
        # Acepta 3 valores.
        #    A: Se considera que la escritura esta realizada cuando
        # el dato se ha escrito en el disco local y se ha puesto en el
        # buffer de envío TCP/IP
        #    B: Se considera que la escritura esta realizada cuando
        # el dato se ha escrito en el disco local y el resto de nodos
        # han reconocido que han recibido la petición de escritura
        #    C: Se considera que la escritura esta realizada cuando
        # sea realizado en los dos nodos
        protocol C;

        handlers {
                # Comando a ejecutar si el nodo es primario, y ni el
                # dispositivo local ni el de otro nodo esta actualizado.
                pri-on-incon-degr    "/usr/local/lib/drbd/notify-pri-on-incon-degr.sh; /usr/local/lib/drbd/notify-emergency-reboot.sh; echo b >/proc/sysrq-trigger ; reboot -f";
                # Comando a ejecutar cuando el nodo local es primario,
                # pero no se ha recuperado del procedimiento de
                # after-split-brain. Por lo tanto debe ser abandonado
                pri-lost-after-sb    "/usr/local/lib/drbd/notify-pri-lost-after-sb.sh; /usr/local/lib/drbd/notify-emergency-reboot.sh; echo b >/proc/sysrq-trigger ; reboot -f";
```

```
                # Comando a ejecutar cuando se produce un error de IO en
                # el dispositivo local
                local-io-error          "/usr/local/lib/drbd/notify-io-error.sh;
/usr/local/lib/drbd/notify-emergency-shutdown.sh; echo o >/proc/sysrq-trigger
; halt -f";
                # Comando a ejecutar cuando se detecta un split-brain
                # que no se puede gestionar automáticamente. Notificación
                # en caso de split brain
                split-brain             "/usr/local/lib/drbd/notify-split-brain.sh
root@localhost";

                # Comando a debe ejecutarse cuando un nodo debe cercar
                # a otro.
                # Se usará la misma linea de datos que usa DRBD
                fence-peer "/usr/local/lib/drbd/crm-fence-peer.sh";

                # Comando que se ejecutará cuando termine la sincronización
                # de los nodos y el estado pase de Inconsistent a Consistent
                # Por ejemplo puede ser usado para eliminar el snapshot creado
                # en before-resync-target unsnapshot-resync-target-lvm.sh
                after-resync-target "/usr/local/lib/drbd/crm-unfence-peer.sh";
        }
        startup {
                # tiempo, en segundos, de espera hasta que el otro nodo se
                # conecte durante el arranque.
                wfc-timeout 300;

                # tiempo de espera hasta que el otro nodo se conecte
                # durante el arranque en el caso que en el último
                # apagado solo estuviese un nodo.
                degr-wfc-timeout 120;
        }
        disk {
                # Acción a tomar en caso de que los dos nodos se queden
                # configurados como primarios desconectados. Puede tener 3 valores.
                #   dont-care: No tomar ninguna acción. Valor por defecto
                #   resource-only: Trata de cercar el otro nodo mediante
                # la llamada definida en fence-peer
                #   resource-and-stonith: Se congelan todas los operaciones
                # de IO y se llama a fence-peer. En el caso de no poder cercar el
                # nodo, se intentará a través de STONITH cuando este resuelto el
                # conflicto se reanudan las operaciones de IO
                fencing resource-and-stonith;
```

```
            # Define como se debe comportar DRBD ante un error de
            # IO en el dispositivo local
            # Admite los siguientes valores:
            #    pass_on: cambia el dispositivo a estado inconsistente
            #    call-local-io-error: llama al manejador local-io-error
            #    detach: Desconecta el disco local con error y continua
            # en modo sin discos.
            on-io-error detach;
    }

    syncer {
            # Se trata del ancho de banda usado para la sincronización
            # entre los nodos para conexiones compartidas se suele calcular
            # en base al 33 % de la misma.
            # A partir de la versión 8.3.9 se calcula dinámicamente.
            # rate 110M;
            # Existen unos valores que pueden definir como se debe comportar
            # la sincronización
            # c-delay-target delay_target, c-fill-target fill_target,
            # c-max-rate max_rate, c-plan-ahead plan_time
    }
}
```

8.4 Configuración

discodatos.res

```
# En los archivos *.res vamos a definir los recurso DRBD
resource datos {
        # nombre del dispositivo
        device /dev/drbd0;
        # indicamos la localización de los metadatos.
        # Como posibles valores admite internal y el dispositivo
        # donde se van a almacenar los metadatos.

        meta-disk internal;

        startup {
                # Indicamos que vamos a poner los dos nodos en
                # primario al arrancar. En nuestro caso será
                # Pacemaker quien se encargue de esto.
                # become-primary-on both;
        }

        net {
                # Indica al sistema que va a permitir el que los
                # dos nodos sean primarios a la vez.
                allow-two-primaries;
                # definimos las políticas de recuperación automática
                # en caso de split-brain
                after-sb-0pri discard-zero-changes;
                # after-sb-1pri discard-secondary;
                after-sb-1pri consensus;
                after-sb-2pri disconnect;

                # Tunning: Auto-Ajuste del buffer de envío.
                # sndbuf-size 0;

                # Tunning: Opciones que afecta al rendimiento de
                # escritura en el nodo secundario.
                # Para controladoras RAID de alto rendimiento suelen
                # servir estos valores.
                # max-buffers 8000;
                # max-epoch-size 8000;
                # max-buffers 16000;
                # max-epoch-size 16000;
```

```
                # Tunning: Parámetro de optimización muy dependiente
                # del hardware
                # unplug-watermark 16;
                # unplug-watermark 16000;
        }

        disk {
                # Tunning: estas configuraciones son para
                # optimizar/tunear el rendimiento de DRBD y
                # solo deben realizarse en sistemas donde las
                # controladoras de disco disponen de batería de
                # respaldo para la caché.
                # no-disk-barrier;
                # no-disk-flushes;
        }

        syncer {
                # Tunning: Configurar en caso de que usemos sistemas con
                # escritura intensiva
                # al-extents 3389;
        }

                # definimos las ip's, puerto de acceso y los discos en
                # cada uno de los nodos.
        on nodo01 {
                address    192.168.26.1:7788;
                disk    /dev/sda4;
        }

        on nodo02 {
                address    192.168.26.2:7788;
                disk    /dev/sda4;
        }
}
```

Para validar toda la configuración.

```
# drbdadm dump
```

Hay que copiar la configuración en los dos nodos.

8.5 Inicializar los discos

En ambos nodos, cargar el módulo y crear el dispositivo.

```
# modprobe drbd
# drbdadm create-md datos
```

A continuación agregamos el disco.

```
# drbdadm up datos
```

En esto momento el estado de conexión es *cs:WFConnection* el rol, *ro:Secondary* y el estado del disco *ds:Inconsistent*.

Sincronizamos los dos nodos (sólo en un nodo). Si estamos inicializando los discos por primera vez y no tenemos datos en ninguno de ellos, es indiferente donde ejecutemos el siguiente comando. Si por el contrario, queremos conservar los datos de alguno de los nodos, deberemos ir con mucho cuidado en estos pasos ya que podemos cargarnos los datos con mucha facilidad.

```
# drbdadm primary --force datos
```

Deshabilitamos drbd (en los dos nodos).

```
# drbdadm down datos
# rmmod drbd
```

En todo momento podemos usar cualquiera de los siguientes comandos para ver el estado (en cualquiera de los nodos).

```
# watch cat /proc/drbd
# drbd-overview
```

Capítulo 9

Virtualización

> *Cuando hablamos de virtualización estamos haciendo referencia a la abstracción de los recursos de una computadora, mediante la creación de una capa entre el hardware de la máquina física (host) y el sistema operativo de la máquina virtual (virtual machine, guest), siendo un medio para crear una versión virtual de un dispositivo o recurso, como un servidor, un dispositivo de almacenamiento, una red o incluso un sistema operativo, donde se divide el recurso en uno o más entornos de ejecución.*

Un ejemplo de virtualización muy conocido son las maquinas virtuales, que generalmente son un sistema operativo completo que corre como si estuviera instalado en una plataforma de hardware autónoma, donde para que el sistema operativo "guest" funcione, la simulación debe ser lo suficientemente robusta (dependiendo del tipo de virtualización).

Esta capa de software maneja, gestiona y arbitra los cuatro recursos principales de una computadora (CPU, Memoria, Red, Almacenamiento) y así podrá repartir dinámicamente dichos recursos entre todas las máquinas virtuales definidas en el host.

El auge de la virtualización ha sido impulsado sobre todo por las siguientes características:

- Mejora en la utilización de los recursos.
- Eficiencia energética.
- Reducción significativa del espacio físico necesario.
- Recuperación de desastres y mejora de la disponibilidad.
- Reducción general de costes de operación.

Actualmente se distinguen tres tipos de virtualización, hardware, aplicaciones y escritorio.

9.1 Virtualización de Hardware.

En la actualidad la más usada y la que vamos a usar para virtualizar servidores.

Virtualización completa (Full virtualization): En esta virtualización es donde la máquina virtual simula un hardware suficiente para permitir un sistema operativo "huésped" sin modificar (uno diseñado para la misma CPU) para correr de forma aislada. Típicamente, muchas instancias pueden correr al mismo tiempo.

Podemos citar como ejemplos de estos sistemas de virtualización entre otros:

- VMware Workstation y VMware Server. [26]
- Windows Server 2008 R2 Hyper-V. [17]
- Microsoft Enterprise Desktop Virtualization (MED-V). [15]
- VirtualBox. [18]
- Parallels Desktop. [21]
- OpenVZ. [20]
- XenServer . [31]
- Microsoft Virtual PC. [16]
- Virtual Iron, Adeos, Mac-on-Linux, Win4BSD, Win4Lin Pro, y z/VM, Oracle VM
- KVM. [12]

Virtualización parcial (Partial virtualization): "Address Space Virtualization". La máquina virtual simula múltiples instancias de gran parte (pero no de todo) del entorno subyacente del hardware, particularmente los espacios de direcciones. Tal entorno acepta compartir recursos y alojar procesos, pero no permite instancias separadas de sistemas operativos (huésped). Aunque no es vista como dentro de la categoría de máquina virtual, históricamente lo usaron en sistemas como CTSS, el experimental IBM M44/44X, y podría mencionarse que en sistemas como OS/VS1, OS/VS2 y MVS.

Virtualización asistida por Hardware (ParaVirtualization): Virtualización asistida por Hardware son extensiones introducidas en la arquitectura de procesador x86 para facilitar las tareas de virtualización al software corriendo sobre el sistema. Son cuatro los niveles de privilegio o "anillos" de ejecución en esta arquitectura, desde el cero o de mayor privilegio, que se destina a las operaciones del kernel de SO, al tres, con privilegios menores que es el utilizado por los procesos de usuario. En esta nueva arquitectura se introduce un anillo interior o ring -1 que será el que un hypervisor o Virtual Machine Monitor usará para aislar todas las capas superiores de software de las operaciones de virtualización.

La Paravirtualización es una técnica moderna ejecución virtual que consiste en permitir algunas llamadas directas al hardware mermando así la penalización en rendimiento que la ejecución 100 % virtual implica. Esto es posible gracias a características que los procesadores modernos tienen, p.e: Intel tiene Intel VT [9] y AMD tiene AMD-V [1]. Estas APIs ofrecen instrucciones especiales que el software de virtualización puede emplear para permitir una ejecución más eficiente.

Los sistemas huésped deben estar basados en sistemas operativos especialmente modificados para ejecutarse sobre un hypervisor.

Podemos citar como ejemplo de estos sistemas de virtualización:

- XenServer . [31]

Virtualización de Sistemas (LPAR): Nos permite particionar un sistema físico en múltiples sistemas lógicos o "virtuales" para ejecutar diferentes sistemas en cada una de las particiones, usando para cada una de estas particiones hardware dedicado o compartido según necesidades. En algunos de los casos se va a permitir reconfigurar las particiones dinámicamente pudiendo añadir y/o eliminar recursos de cada una de las particiones [27].

9.2 Virtualización de Aplicaciones

La virtualización de aplicaciones permite la gestión, el mantenimiento y almacenamiento centralizado para las aplicaciones, además de que se distribuyen sobre la red y se ejecutan localmente en las máquinas cliente. Con ello entre otras cosas se consigue un entorno informático más flexible, que permite una mayor y más rápida respuesta de las organizaciones ante un cambio en sus necesidades o condiciones de mercado.

Además, con la virtualización de aplicaciones vamos a tener la ventaja de poder ejecutar las aplicaciones virtualizadas independientemente del entorno y sistemas donde la ejecutemos. Como ejemplo cabe citar XenApp [6].

9.3 Virtualización de Escritorios

Como respuesta a los continuos cambios los departamentos de TI han de atender las exigencias de los usuarios en cuanto a más flexibilidad, así como su deseo y su necesidad de acceder a las aplicaciones corporativas y a sus datos desde cualquier lugar, con cualquier dispositivo, en cualquier momento y de manera segura.

Con la virtualización de puestos de trabajo, los departamentos de TI pueden replantearse partiendo de cero su manera de provisionar equipos y administrar estrategias de BYO (Bring Your Own) efectivas [5].

La **virtualización de escritorios** es un término relativamente nuevo, introducido en la década de los 90, que describe el proceso de separación entre el escritorio, que engloba los datos y programas que utilizan los usuarios para trabajar, de la máquina física. El escritorio "virtualizado" es almacenado remotamente en un servidor central en lugar de en el disco duro del ordenador personal. Esto significa que cuando los usuarios trabajan en su escritorio desde su portátil u ordenador personal, todos sus programas, aplicaciones, procesos y datos se almacenan y ejecutan centralmente, permitiendo a los usuarios acceder remotamente a sus escritorios desde cualquier dispositivo capaz de conectarse remotamente al escritorio, tales como un portátil, PC, smartphone o cliente ligero.

La experiencia que tendrá el usuario está orientada para que sea idéntica a la de un PC estándar.

La virtualización del escritorio proporciona muchas de las ventajas de un servidor de terminales, además de poder proporcionar a los usuarios mucha más flexibilidad, como por ejemplo, cada uno puede tener permitido instalar y configurar sus propias aplicaciones sin interferir con el resto de usuarios.

Las principales ventajas que ofrece este tipo de virtualización son:

- Aumenta la seguridad de los escritorios y disminuye los costes de soporte.
- Reduce los costes de ampliación/renovación de PC's, (parte cliente) que pasa de 1-3 años a 5-6años. Debe considerarse que parte de los costes de hardware se trasladan a la parte de servidores.
- Acceso a los escritorios y su contenido desde cualquier ubicación.

Aunque siempre hay que tener en cuenta que VDI se ajusta para cada cliente, pero no para todos los escritorios.

A continuación vamos a describir las diferentes tecnologías de virtualización analizando con detalle las ventajas e inconvenientes de este tipo de sistemas, dando paso en último lugar a la descripción de varias de las herramientas de virtualización existentes en el mercado que más se adaptan a las características que estamos buscando en este estudio.

9.4 Hipervisor

Un **hipervisor** o **monitor de máquina virtual** es una plataforma que permite aplicar diversas técnicas de control de virtualización para utilizar, al mismo tiempo, diferentes sistemas operativos (sin modificar o modificados en el caso de paravirtualización) en un mismo equipo.

Los hipervisores pueden clasificarse en dos tipos:

- **Hipervisor tipo 1**: También denominado nativo. Software que se ejecuta directamente sobre el hardware, para ofrecer la funcionalidad descrita, ver figura 9.1.

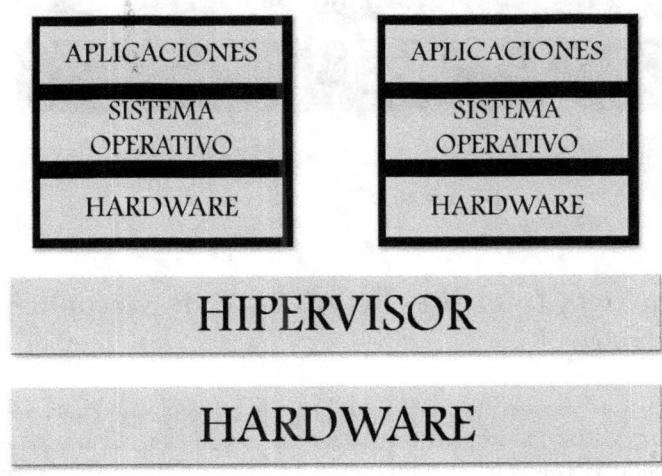

Figura 9.1: Hypervisor nativo

Algunos de los hipervisores tipo 1 más conocidos son los siguientes: VMware ESXi, Xen, Citrix XenServer, Microsoft Hyper-V Server.

- **Hipervisor tipo 2**: También denominado hosted. Software que se ejecuta sobre un sistema operativo para ofrecer la funcionalidad descrita, ver figura 9.2.

Algunos de los hipervisores tipo 2 más utilizados son los siguientes: Oracle: VirtualBox, VMware: Workstation y Server, Qemu, Microsoft: Virtual PC, Virtual Server.

Figura 9.2: Hypervisor hosted

9.5 Tecnología Intel VT-x o AMD-V de virtualización por Hardware

Desde que VMware desarrollara la virtualización para plataformas x86 en 1999, la virtualización por Hardware ha ido en constante evolución. Con esta tecnología, el hipervisor puede virtualizar eficientemente todo el conjunto de instrucciones x86 mediante la acción clásica de atrapar y emular el modelo de Hardware, en lugar de Software.

Intel ha introducido soporte de virtualización por Hardware en sus procesadores, VT-x o Vanderpool. Con estas extensiones, un procesador opera en uno de los dos modos siguientes:

- **Modo root**: Su comportamiento es muy similar al modo de operación estándar (sin VT-x), y este es el contexto en el que se ejecuta un monitor de máquina virtual (VMM o hipervisor).

- **Modo no root**: (o contexto Guest) está diseñado para el funcionamiento de una máquina virtual.

Una novedad notable es que los cuatro niveles de privilegio (anillos) son compatibles con esta tecnología, por lo que el sistema Guest teóricamente puede ejecutarse en cualquiera de ellos. VT-x define la transición de modo root a modo no-root (y viceversa) y los llama *VM de entrada* y *VM de salida*.

El equivalente de las instrucciones VT-x por parte de AMD se llama AMD-V o SVM. Además, éstas incluyen la característica de paginación anidada a partir de los procesadores Phenom y Opteron.

9.6 Ventajas e inconvenientes de la virtualización

Básicamente, lo que pretendemos conseguir cuando virtualizamos nuestros servidores son 3 cosas. En primer lugar optimización de recursos, seguido de una reducción de costes y para finalizar, una dependencia mínima del hardware en el que corren.

A continuación vamos a detallar que pros y contras nos podemos encontrar cuando virtualizamos.

- **Índices de utilización más altos**: Antes de la virtualización, los índices de utilización del servidor y almacenamiento en los centros de datos de la empresa rondaban por debajo del 50 % (normalmente, lo más común era encontrarnos con unos índices del 10 % al 15 %). Mediante la virtualización, las cargas de trabajo pueden ser encapsuladas y transferidas a los sistemas inactivos o sin uso.

- **Consolidación de Recursos**: La virtualización permite la consolidación de múltiples recursos de TI. Más allá de la consolidación de almacenamiento, la virtualización proporciona una oportunidad para consolidar la arquitectura de sistemas, infraestructura de aplicación, datos y base de datos, interfaces, redes, escritorios e incluso procesos de negocios, resultando en ahorros de costo y mayor eficiencia.

- **Uso/coste menor energía**: La electricidad requerida para que funcionen los centros de datos se reduce al tener que mantener menos hardware en funcionamiento.

- **Ahorro de espacio**: La virtualización nos permite correr muchos sistemas virtuales en menos sistemas físicos.

- **Recuperación de desastre/continuidad**: La virtualización puede incrementar la disponibilidad ya que nos proporciona una menor dependencia del hardware y proporcionar nuevas opciones para la recuperación de desastre.

- **Mejora en los procesos de clonación y copia de sistemas**: Mayor facilidad para la creación de entornos de test que permiten poner en marcha nuevas aplicaciones sin impactar a la producción, agilizando el proceso de las pruebas.

- **Balanceo dinámico** de máquinas virtuales entre los servidores físicos que componen el pool de recursos, garantizando que cada máquina virtual se ejecute en el servidor físico más adecuado y proporcionando un consumo de recursos homogéneo y óptimo en toda la infraestructura.

Por otro lado la virtualización de sistemas operativos también tiene algunos puntos débiles a destacar:

- **Rendimiento inferior**: Varios sistemas operativos virtualizados y ejecutados a la vez nunca alcanzarán las mismas cotas de rendimiento que si estuvieran directamente instalados sobre el hardware.

- **Limitaciones en el Hardware**: No es posible utilizar Hardware que no esté gestionado o soportado por el hipervisor.

- **Exceso de máquinas virtuales**: Como no hay que comprar Hardware, el número de máquinas y servidores virtuales se dispara. Aumentando el trabajo de administración, gestión de licencias y riesgos de seguridad.

- **Desaprovechamiento de recursos**: Crear máquinas virtuales innecesarias tiene un coste en ocupación de recursos, principalmente en espacio en disco, RAM y capacidad de proceso.

- **Centralización de las máquinas en un único servidor**: Una avería del servidor host de virtualización afecta a todas las máquinas virtuales alojadas en él. Con lo cual, hay que adoptar soluciones de alta disponibilidad y replicación para evitar caídas de servicio de múltiples servidores con una única avería.

- **Portabilidad limitada entre plataformas de virtualización**: Como cada producto de virtualización usa su propio sistema, no hay uniformidad o estandarización de formatos y la portabilidad entre plataformas está condicionada a la solución de virtualización adoptada. Elegir GNU/Linux, Mac OS X, Windows, u otros como anfitrión es una decisión importante.

9.7 Herramientas de virtualización

A continuación se presentan las principales herramientas de virutalización que se ha considerado se adaptan más a las características buscadas y están teniendo una mejor aceptación y más uso en la actualidad. En primer lugar se describirá brevemente cada una de ellas para concluir con una comparativa que se muestra en las tablas 9.1 y 9.2.

9.7.1 KVM

Se trata de una herramienta de libre distribución, que emplea la técnica de virtualización completa, usando las extensiones de virtualización por hardware Intel VT o AMD, para crear VMs que ejecutan distribuciones de Linux. Además requiere una versión modificada de Qemu para completar el entorno virtual.

9.7.2 OpenVZ

Es un proyecto de código abierto basado en Virtuozzo (software comercial), utiliza una técnica de virtualización a nivel de sistema operativo y trabaja bajo distribuciones Linux, donde la compañía SWsoft ha puesto su código bajo la licencia GNU GPL. OpenVZ carece de las propiedades de Virtuozzo, pero ofrece un punto de partida para probarlo y modificarlo.

9.7.3 VirtualBox

Se distribuye bajo licencia GNU LGPL. También utiliza virtualización completa, dispone de una interfaz gráfica denominada Virtual Box Manage, que permite crear VMs con Windows o Linux y su respectiva configuración de red. VirtualBox ofrece un mecanismo de acceso remoto a las VMs mediante RDP (Remote Desktop Protocol), protocolo desarrollado por Microsoft para acceder a escritorios remotos.

9.7.4 VMware

Esta herramienta también utiliza virtualización completa y la mayor parte de las instrucciones se ejecutan directamente sobre el hardware físico. Otros productos incluyen VMware Workstation que es de pago, los gratuitos VMware Server y VMware Player. VMware permite VMs con Windows y Linux.

9.7.5 Xen

Entorno de virtualización de código abierto desarrollado por la Universidad de Cambridge en el año 2003. Se distribuye bajo licencia GPL de GNU. Permite ejecutar múltiples instancias de sistemas operativos con todas sus características, pero carece de entorno gráfico. En el caso de requerirlo, se convierte en una herramienta de uso comercial.

Capítulo 9. Virtualización

Nombre	OS del Host	OS del Guest	Licencia	Soporte drivers OS guest	Metodo de Operación	Uso típico	Velocidad relativa al OS Host	Soporte Comercial
KVM	Linux	FreeBSD, Linux, Windows	GPL2	Si	AMD-V e Intel-VT-x	Servidor	Casi Nativo	RedHat o Novell
OpenVZ	Linux	Linux	GPL	Compatible	Virtualización a nivel de sistema Operativo	Aislamiento de servidores virtualizados	Nativo	
VirtualBox	Windows, Linux, Mac OS X x86, FreeBSD	Linux, FreeBSD, Mac OS X Server, Windows	GPL2 y Versión Comercial	Si	Virtualización	Servidor y Escritorio	Casi Nativo	Si (con licencia Comercial)
VMware ESX Server 4.0 (vSphere)	No host OS	Windows, Linux, FreeBSD	Propietaria	Si	Virtualización	Servidores, Cloud Computing	Muy cerca del Nativo	Si
VMware Server	Windows, Linux	Windows, Linux, FreeBSD	Propietaria	Si	Virtualización	Servidor y Escritorio	Muy cerca del Nativo	Si
Xen	NetBSD, Linux, Solaris	FreeBSD, NetBSD, Linux, Windows XP & 2003 Server (needs vers. 3.0 and an Intel VT-x O AMD-V)	GPL	No necesita, a excepción del driver de red para NAT. Se necesita un kernel especial o nivel de abstracción hardware Para el guest.	Para-virtualización y full-virtualización	Servidor y Escritorio	Muy cerca del Nativo. Perdida sustancial de rendimiento en sobrecargas de Red y disco.	Si

Tabla 9.1: Comparativa global plataformas de virtualización

Nombre	Soporta USB	GUI	Asignación de memoria En caliente	Aceleración 3D	Snapshots Por VM	Snapshot de sistemas en Funcionamiento	Migración en Caliente	PCI passthrough
KVM	Si	Si	Si	Si (via AIGLX[1])	Si	Si	Si	Si
OpenVZ	Si	No	Por Hardware (No maneja Swap)	No			Si	
VirtualBox	USB 1.1 (USB 2.0 Versión comercial)	Si	Si	OpenGL 2.0, DirectX 3D	Yes Branched	Si	Si	Solo Linux
VMware ESX Server 4.0 (vSphere)	Si	Si	Si	Si		Si	Si	Si
VMware Server	Si	Si	Si	No		Si	No	
Xen		Si	Si	Si (con VMGL)		Si	Si	Si

[1](Accelerated Indirect GLX), es un proyecto iniciado por RedHat y la comunidad Fedora Linux para permitir aceleración indirecta GLX, capacidad de render en X.Org y drivers DRI

Tabla 9.2: Comparativa global plataformas de virtualización

9.8 Comparativa de las principales herramientas de virtualización

9.8.1 VMWare

Sitio web: http://www.vmware.com/

- VMware es la solución más conocida y con mayor presencia comercial, además de ofrecer según muchos administradores un excelente servicio de soporte por parte de la compañía.

- Una particularidad de VMWare Server es que la interfaz de configuración y consola es accesible vía una interfaz Web. La consola es una extensión disponible para Firefox.

- Los drivers adicionales (vmware-tools) tanto para Windows como para Linux mejoran notablemente la integración de la consola y en menor medida la performance de los discos.

- El controlador o driver escogido para los discos virtuales (IDE, SATA, SCSI, etc.) impacta de manera notable en el desempeño de la máquina virtual.

- Al instalar VMWare sobre ciertos sistemas operativos, a veces es necesario parchear el instalador de vmware-server para ponerlo en funcionamiento (dependiendo sobre todo de la versión del kernel usada).

- Ventajas: Según la opinión de muchos administradores. Solidez, estabilidad, seguridad y soporte del fabricante ejemplar.

- Desventajas: Dificultad de puesta en marcha para usuarios con escasas nociones, el gestor de máquinas virtuales tiene un rendimiento mediocre en máquinas con escaso hardware. Su código es propietario.

- Coste: Variable en función del producto. Existe una versión gratuita con limitaciones de uso y funcionalidades.

9.8.2 VirtualBox

Sitio web: http://www.virtualbox.org/

- VirtualBox está disponible para Windows, OS X, Linux y Solaris.

- Luego de instalar vbox-additions, la integración entre el host (el sistema operativo del equipo físico) y el guest (el sistema operativo de la máquina virtual) es muy buena. Ofrece facilidades como portapapeles compartido, carpetas compartidas, modo fluido y redimensionamiento automático de la resolución/tamaño de ventana.

- Ventajas: Fácil administración de las máquinas. Se dispone del código bajo licencia GPL v2.

- Desventajas: No es posible modificar las propiedades de las máquinas virtuales mientras están en ejecución (memoria, tarjetas de red, discos, etc.). La administración de las máquinas virtuales se debe realizar mediante un programa cliente instalado en el host. Bajo rendimiento.

- Coste: Gratuito

9.8.3 XEN

Sitio web: http://www.xen.org/

- Soporta modos de full y para-virtualization.

- Requiere que el hardware soporte virtualization technology (en caso de utilizar full virtualization).

- La interfaz gráfica y la integración de ingreso y salida de datos es bastante mala. Utiliza una variación de VNC para el control de consola.

- Para máquinas virtuales Linux requiere que éstas utilicen un núcleo especializado, kernel-xen. Este kernel se puede instalar de manera nativa en distribuciones Red Hat (RHEL, CentOS y Fedora).

- El rendimiento con para-virtualization es bastante bueno en términos de uso de memoria, disco y CPU.

- El uso de discos raw (acceso directo a particiones o discos) es nativo. Esto elimina una capa adicional de acceso, utilizada comúnmente para gestionar archivos como discos virtuales.

- Una característica particular de Xen es que, al utilizar para-virtualization, el consumo de memoria RAM disminuye en el sistema operativo host al ser asignada a una máquina virtual.

- La configuración se realiza mediante un programa cliente instalado en el host, pero puede conectarse a la máquina virtual desde un cliente remoto.

- Es posible modificar el tamaño de memoria RAM asignada, conectar tarjetas de red y agregar discos en caliente.

- Orientado a usuarios más experimentados. Está desarrollado por la Universidad de Cambridge y por unidades de Intel y AMD. Cada vez más presente en diferentes distribuciones.

- Ventajas: Potente y escalable. Muy seguro. Sistema de para-virtualization innovador y efectivo. Desarrollo muy profesional.

- Desventajas: Curva de aprendizaje costosa, documentación no excesivamente abundante, tiempos de implantación mayores. No admite drivers de los entornos a emular.

- Coste: Gratuíto, es GPL.

9.8.4 QEMU/KVM

Sitio web: http://www.qemu.org/ http://www.linux-kvm.org

Bastante conocido sobre todo entre los usuarios de soluciones Linux.

- Algunas aplicaciones pueden correr a una velocidad cercana al tiempo real.
- Soporte para ejecutar binarios de Linux en otras arquitecturas.
- Mejoras en el rendimiento cuando se usa el módulo del kernel KQEMU.
- Las utilidades de línea de comandos permiten un control total de QEMU sin tener que ejecutar X11.
- Control remoto de la máquina emulada a través del servidor VNC integrado.
- Soporte incompleto para Microsoft Windows como huésped y otros sistemas operativos (la emulación de estos sistemas es simplemente buena).
- Soporte incompleto de controladores (tarjetas de vídeo, sonido, E/S) para los huéspedes, por lo tanto se tiene una sobrecarga importante en aplicaciones multimedia.
- Kernel-based Virtual Machine o KVM, es una solución para implementar virtualización completa con Linux.
- KVM necesita un procesador x86 con soporte Virtualization Technology. Puede ejecutar huéspedes Linux (32 y 64 bits) y Windows (32 bits).
- Ventajas: Código libre, ligero en ejecución. Fácil de desplegar y configurar.
- Desventajas: Soporte escaso, desarrollo irregular, velocidad de CPU muy baja en entornos emulados. El consumo de recursos es mejorable.
- Coste: Gratuito, es GPL.

Característica \ Software	VMWare	VirtualBox	Xen	Qemu/KVM
Conocimiento requerido Para administración	Medio	Bajo	Alto	Alto
Integración video, I/O	Medio	Alto	Bajo	Bajo
Capacidad de para-Virtualización	No	No	Si	Parcial[1]
Driver para los guest	Si, vmware-tools	Si vbox-additions	No	No
Requerimientos del guest	Ninguno	Ninguno	Kernel-xen en Para-virtualización	Ninguno
Discos Raw	Configuración Adicional	Configuración Adicional	Nativo	Nativo
Soporte Network Bridge	Si	Si	Si	Si
Sistemas Operativos Guest probados	Windows XP, 2003 server, Linux Ubuntu	Windows XP, 2003 Server, Linux Ubuntu	Windows XP, 2003 Server, Linux Ubuntu	Windows XP, 2003 server, 2008, Linux Ubuntu
Requiere configuración al hacer upgrade de Kernel	Si	Si	No	No
Migración en caliente	Si	No	Si	Si
Código	Propio	Disponible bajo GPL v2	Disponible bajo GPL v2	Disponible bajo GPL y LGPL
Coste	Variable, aunque existe una versión Gratuita.	Gratuito	Gratuito	Gratuito

[1]KVM no soporta para-virtualización para CPU pero puede soportar para-virtualización para otros dispositivos del sistema mejorando el rendimiento del sistema.

Tabla 9.3: Comparativa herramientas virtualización

Capítulo 10

KVM

10.1 Instalar

```
# yum install libvirt qemu-kvm bridge-utils
```

Deshabilitamos libvirtd del arranque del sistema. Hay que recordar que todos los servicios que queramos gestionar desde el Pacemaker debemos deshabilitarlos del arranque del sistema para que sea el propio Pacemaker quien gestione su arranque/parada.

```
# systemctl disable libvirtd
```

10.2 Configurar los Bridge para el acceso desde las MV's

En ambos nodos. Crear /etc/sysconfig/network-scripts/ifcfg-br1 indicando en cada caso su IP, DNS, ...

```
DEVICE=br1
TYPE=Bridge
BOOTPROTO=none
ONBOOT=yes
IPADDR=172.16.0.1
NETMASK=255.240.0.0
GATEWAY=172.16.0.250
DNS1=172.16.0.100
DEFROUTE=yes
IPV4_FAILURE_FATAL=no
NAME=br1
IPV6INIT=yes
IPV6_AUTOCONF=yes
IPV6_DEFROUTE=yes
IPV6_FAILURE_FATAL=no
PEERDNS=yes
PEERROUTES=yes
IPV6_PEERDNS=yes
IPV6_PEERROUTES=yes
```

IMPORTANTE: A partir de la versión 1.0.0-14 de NetworkManager, si ponemos el valor NM_CONTROLLED="no" los puentes de red que definamos no funcionarán correctamente. Podremos detectar que están fallando por que perdemos la conexión de red y porque al hacer un ifconfig veremos que la dirección MAC asignada al Bridge no coincide con la del interface físico al que está asignado.

Y modificar el archivo de configuración del interface de red de servicio /etc/sysconfig/network-scripts/ifcfg-enp3s0 dejándolo como se indica a continuación.

```
BRIDGE=br1
TYPE=Ethernet
NAME=enp3s0
ONBOOT=yes
DEVICE=enp3s0
```

A continuación reiniciaremos la red.

```
# systemctl restart network
```

NOTA: Si lo que queremos es identificar los interface usando el UUID en vez del nombre, podemos averiguar el UUID usando el comando:

```
# uuidgen <DEVICE>
# uuidgen br1
```

Si no quisiésemos usar NAT en las máquinas cliente, deshabilitaríamos el bridge "qemu" por defecto. Tenemos que iniciar libvirtd antes de eliminar la red default.

```
# cat /dev/null >/etc/libvirt/qemu/networks/default.xml

# systemctl start libvirtd

# virsh net-destroy default
# virsh net-autostart default --disable
# virsh net-undefine default
```

10.3 Crear Pool para MV's

Hay que tener presente que los recursos que creemos en un nodo del cluster van a tener que definirse en los demás nodos idénticamente, para posteriormente poder migrar las máquinas de un nodo a otro sin problemas.

Libvirt nos permite usar los siguientes tipos de almacenamiento (http://libvirt.org/storage.html):

- **dir**: Nos permitirá gestionar los ficheros de las imágenes ubicándolas en un directorio del sistema de ficheros.
  Para la imágenes podremos usar los diferentes tipo de imágenes:

    - raw: fichero plano

    - bochs: Sistema de virtualización Bochs (`http://es.wikipedia.org/wiki/BOCHS`)

    - cloop: Usado normalmente en Live Cds. (`http://en.wikipedia.org/wiki/Cloop`)

    - cow: User Mode Linux. Sistema de virtualización. (`http://user-mode-linux.sourceforge.net/old/UserModeLinux-HOWTO-7.html`)

    - dmg: Imagen de Mac

    - iso: Imagen de CDROM

    - qcow: QEMU v1

    - qcow2: QEMU v2

    - qed: QEMU Enhanced

    - vmdk: VMWare

- vpc: VirtualPC

```
<pool type="dir">
    <name>virtimages</name>
    <target>
        <path>/var/lib/virt/images</path>
    </target>
</pool>
```

- **fs**: Es una variante del pool dir. Monta un disco en el directorio que le indiquemos de nuestro sistema de ficheros.
  Admite los siguientes formatos de disco:
  ext2,ext3,ext4,ufs,iso9660,udf,gfs,gfs2,vfat,hfs+,xfs,ocfs2

```
<pool type="fs">
    <name>virtimages</name>
    <source>
        <device path="/dev/VolGroup00/VirtImages"/>
    </source>
    <target>
        <path>/var/lib/virt/images</path>
    </target>
</pool>
```

- **netfs**: Es una variante del pool fs. En este caso se usan sistema de ficheros remotos conectados a través de nfs, glusterfs o cifs.

```
<pool type="netfs">
    <name>virtimages</name>
    <source>
        <host name="nfs.example.com"/>
        <dir path="/var/lib/virt/images"/>
        <format type='nfs'/>
    </source>
    <target>
        <path>/var/lib/virt/images</path>
    </target>
</pool>
```

- **logical**: Proporciona un pool basado en LVM2. Puede usar grupos de volúmenes predefinidos en el sistema o crearlos desde cero.

```
<pool type="logical">
    <name>HostVG</name>
    <source>
        <device path="/dev/sda1"/>
        <device path="/dev/sdb1"/>
        <device path="/dev/sdc1"/>
    </source>
    <target>
        <path>/dev/HostVG</path>
    </target>
</pool>
```

- **disk**: Pool basado en un disco físico. Admite los siguientes sistemas de particiones: dos, dvh, gpt, mac, bsd, pc98, sun, lvm2. Se recomienda el uso de gpt por su portabilidad.

```
<pool type="disk">
    <name>sda</name>
    <source>
        <device path='/dev/sda'/>
    </source>
    <target>
        <path>/dev</path>
    </target>
</pool>
```

Los volúmenes que vamos a poder usar en este tipo son: none, linux, fat16, fat32, linux-swap, linux-lvm, linux-raid, extended.

- **iscsi**: Nos permitirá conectar discos iSCSI. Los volúmenes deben ser preasignados en el servidor iSCSI y no pueden ser creados por el API de libvirt. Es recomendable usar los dispositivos usando /dev/disk/by-id o /dev/disk/by-path en vez de /dev/XXX para evitar problemas.

```
<pool type="iscsi">
    <name>virtimages</name>
    <source>
        <host name="iscsi.example.com"/>
        <device path="demo-target"/>
    </source>
    <target>
        <path>/dev/disk/by-path</path>
    </target>
</pool>
```

- **scsi**: Basado en SCSI HBA. Los volúmenes ya existen en los LUNs SCSI, y no pueden ser creados por el API de libvirt. Es recomendable usar los dispositivos usando /dev/disk/by-id o /dev/disk/by-path en vez de /dev/XXX (problemas de inestabilidad) para evitar problemas.

```
<pool type="scsi">
    <name>virtimages</name>
    <source>
        <adapter name="host0"/>
    </source>
    <target>
        <path>/dev/disk/by-path</path>
    </target>
</pool>
```

- **mpath**: Nos permitirá conectar dispositivos multipath. Multipath es una metodología de acceso a disco que nos permite tener varios caminos para acceder al disco. Es un concepto muy similar al bounding pero para almacenamiento.

```
<pool type="mpath">
    <name>virtimages</name>
    <target>
        <path>/dev/mapper</path>
    </target>
</pool>
```

En nuestras pruebas vamos a crear un directorio temporal. En ambos nodos.

```
# mkdir /testmvs
```

10.3.1 Método 1

En /etc/libvirt/storage creamos un xml con la definición del pool

ejem.: disco_testmvs.xml

```xml
<pool type='dir'>
    <name>disco_testmvs</name>
    <capacity unit='bytes'>0</capacity>
    <allocation unit='bytes'>0</allocation>
    <available unit='bytes'>0</available>
    <source>
    </source>
    <target>
        <path>/testmvs</path>
        <permissions>
            <mode>0755</mode>
            <owner>-1</owner>
            <group>-1</group>
        </permissions>
    </target>
</pool>
```

Y a continuación definimos el pool

```
# virsh pool-define /etc/libvirt/storage/disco_testmvs.xml

# virsh pool-start disco_testmvs

# virsh pool-autostart disco_testmvs
```

10.3.2 Método 2. Crear Pool usando virt-manager

fig. 10.1

Capítulo 10. KVM

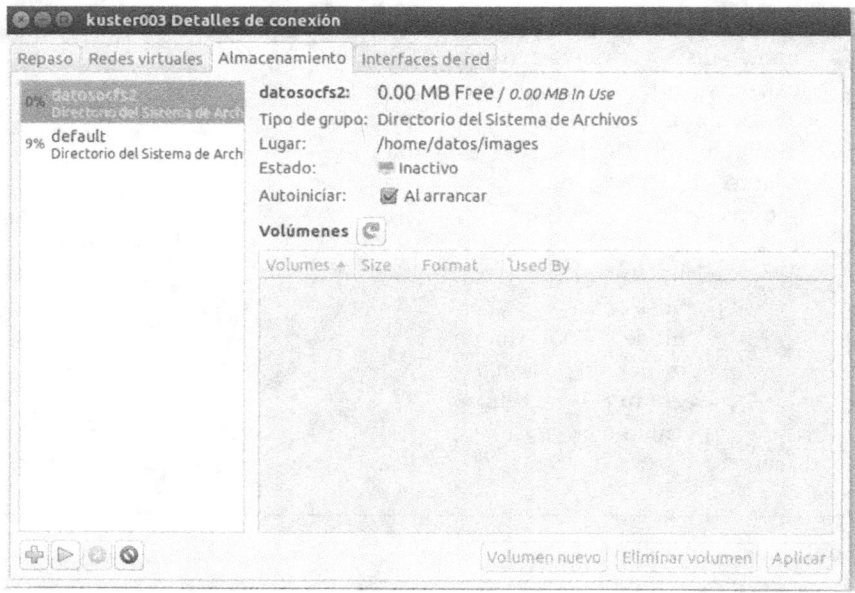

Figura 10.1: Crear pool de almacenamiento usando virt-manager

10.3.3 Crear red virtual usando virt-manager

El siguiente diagrama (fig. 10.2.) ilustra los diferentes tipos de conexión que vamos a poder configurar en nuestros clientes.

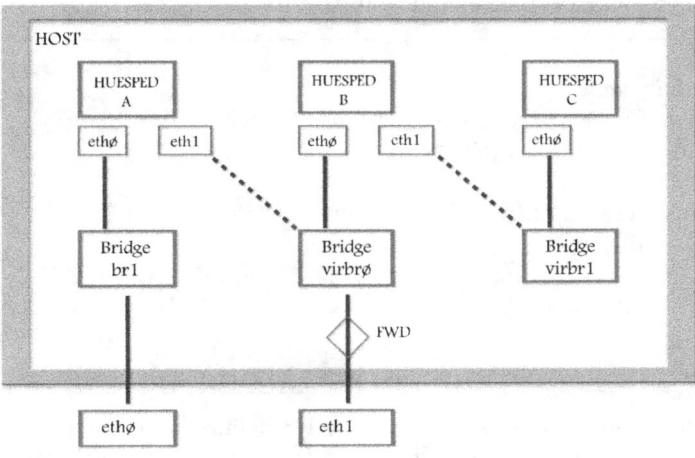

Figura 10.2: Tipos de conexiones disponibles en KVM

Figura 10.3: Crear una red con virt-manager

Todas las redes que configuremos las vamos a encontrar en /etc/libvirt/qemu/networks/

/etc/libvirt/qemu/networks/default.xml

```
<network>
    <name>default</name>
    <uuid>f07e7953-ba04-419b-888e-af1c7619a2fb</uuid>
    <bridge name="virbr0" />
    <forward/>
    <ip address="192.168.122.1" netmask="255.255.255.0">
        <dhcp>
            <range start="192.168.122.2" end="192.168.122.254" />
        </dhcp>
    </ip>
</network>
```

Y al igual que con los discos, vamos a poder definir las redes manualmente en ficheros .xml que dejaremos en el directorio anterior y posteriormente añadiremos la red al sistema con los siguiente comandos.

```
# virsh net-define /etc/libvirt/qemu/networks/red1.xml

# virsh net-start red1

# virsh net-autostart red1
```

10.4 Crear MV's

Al igual que si se tratase de almacenamiento o redes, también podemos crear las máquinas virtuales usando virt-manager o a través del archivo de configuración .xml, que en este caso se encuentran en /etc/libvirt/qemu.

/etc/libvirt/qemu/ubuntu.xml

```
<domain type='kvm'>
    <name>ubuntu</name>
    <uuid>a7d3d19e-23f4-7d53-d3ce-72783c16c700</uuid>
    <memory unit='KiB'>1048576</memory>
    <currentMemory unit='KiB'>1048576</currentMemory>
    <vcpu placement='static'>1</vcpu>
    <os>
        <type arch='x86_64' machine='pc-i440fx-rhel7.0.0'>hvm</type>
        <boot dev='hd'/>
    </os>
```

```xml
<features>
    <acpi/>
    <apic/>
    <pae/>
</features>
<clock offset='utc'/>
<on_poweroff>destroy</on_poweroff>
<on_reboot>restart</on_reboot>
<on_crash>restart</on_crash>
<devices>
    <emulator>/usr/libexec/qemu-kvm</emulator>
    <disk type='file' device='disk'>
        <driver name='qemu' type='raw'/>
        <source file='/home/iscsi_datos/ubuntu-12.04-server-i386.img'/>
        <target dev='vda' bus='virtio'/>
        <address type='pci' domain='0x0000' bus='0x00' slot='0x04' function='0x0'/>
    </disk>
    <controller type='usb' index='0'>
        <address type='pci' domain='0x0000' bus='0x00' slot='0x01' function='0x2'/>
    </controller>
    <interface type='bridge'>
        <mac address='52:54:00:65:a9:c3'/>
        <source bridge='br1'/>
        <model type='virtio'/>
        <address type='pci' domain='0x0000' bus='0x00' slot='0x03' function='0x0'/>
    </interface>
    <serial type='pty'>
        <target port='0'/>
    </serial>
    <console type='pty'>
        <target type='serial' port='0'/>
    </console>
    <input type='mouse' bus='ps2'/>
    <graphics type='vnc' port='-1' autoport='yes'/>
    <video>
        <model type='cirrus' vram='9216' heads='1'/>
        <address type='pci' domain='0x0000' bus='0x00' slot='0x02' function='0x0'/>
    </video>
```

```
            <memballoon model='virtio'>
                <address type='pci' domain='0x0000' bus='0x00' slot='0x05' function='0x0'/>
            </memballoon>
        </devices>
</domain>
```

Cuando creemos MV's virtuales debemos tener en cuenta que todo dispositivo que no vayamos a usar en nuestro sistema cliente NO deberíamos añadirlo en nuestra configuración. En un primer lugar para optimizar el funcionamiento del cliente y principalmente porque si posteriormente pretendemos mover nuestros clientes entre los diferentes nodos de nuestro cluster, cuando un hardware definido en nuestro cliente no este disponible en el nodo destino, éste no se moverá.

Para realizar nuestras pruebas vamos a usar máquinas virtuales preinstaladas. Podemos encontrar gran variedad de ellas por ejemplo en (`http://virtualboxes.org/images/`). Para convertir estas imágenes de VirtulBox en images raw para usar con kvm deberemos transformarlas (en un sistema con VirtualBox instalado).

```
# vboxmanage clonehd --format RAW imagen_origen.vdi imagen_destino.img
```

En entornos de desarrollo y/o pruebas podemos usar imágenes en formato qcow2 que nos permitirán ahorrar espació. Para convertir imágenes a este formato.

```
# qemu-img convert -f raw imagen_orgine.img -O qcow2 imagen_destino.img
```

En entornos de producción no es aconsejable usar imágenes que vayan expandiendo su tamaño según necesidades. Para mejorar el rendimiento de las máquinas en producción es deseable que éstas estén en formato raw (imágenes sin formato que ocupan todo el tamaño del disco asignado).

Desde la versión de RHEL 6.3, se mejoró el acceso a la imágenes qcow2, haciéndolo asíncrono, evitando así las esperas a las CPUs y mejorando el rendimiento total de E/S del disco.

10.4.1 Paso a Paso con virt-manager

Elegimos el origen de la instalación.

10.4 Crear MV's

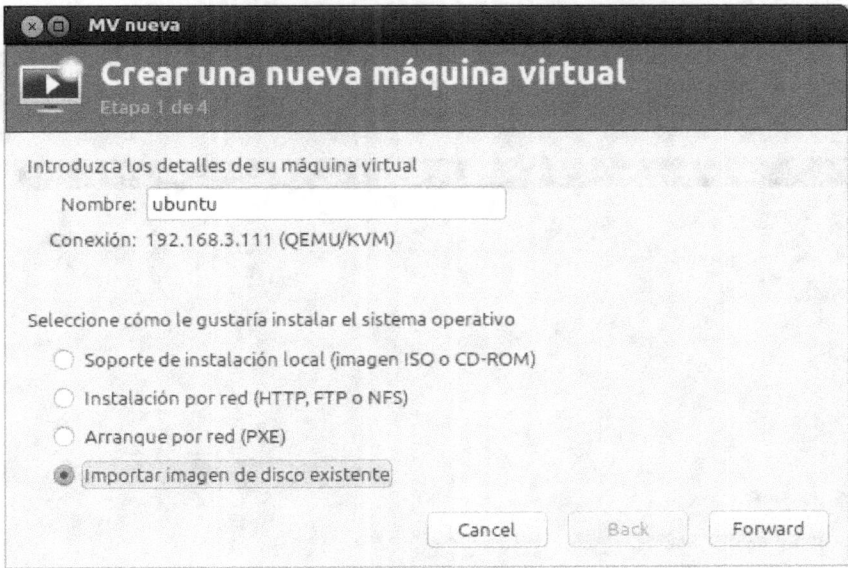

Seleccionamos el tipo de sistema operativo, versión y ubicación del archivo de imagen.

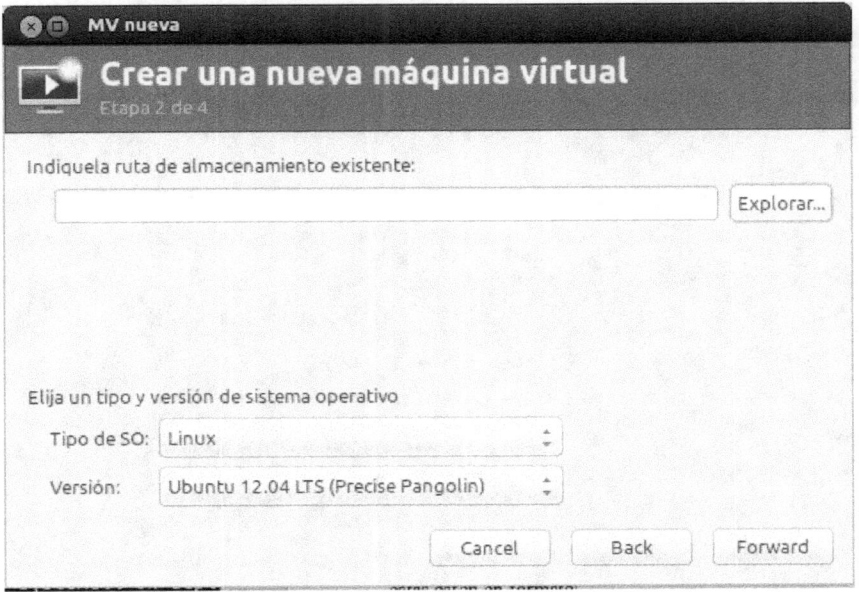

Tendremos disponibles todos los pools que hayamos definido en el apartado anterior dedicado a los pools de almacenamiento. Si ya existe la imagen que queremos usar la podremos seleccionar o podremos crear un nuevo volumen donde instalaremos el sistema cliente.

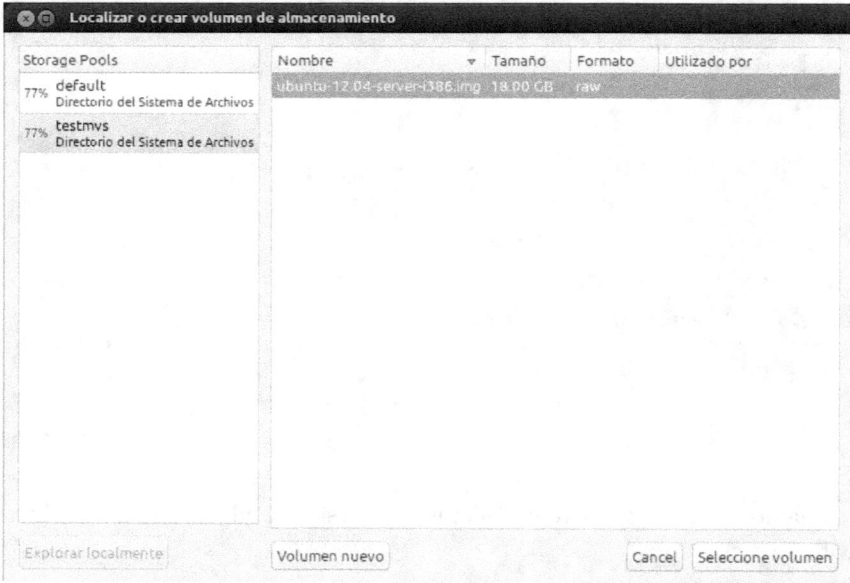

Elegiremos la cantidad de memoria y CPU's que queremos dedicar a este cliente.

10.4 Crear MV's

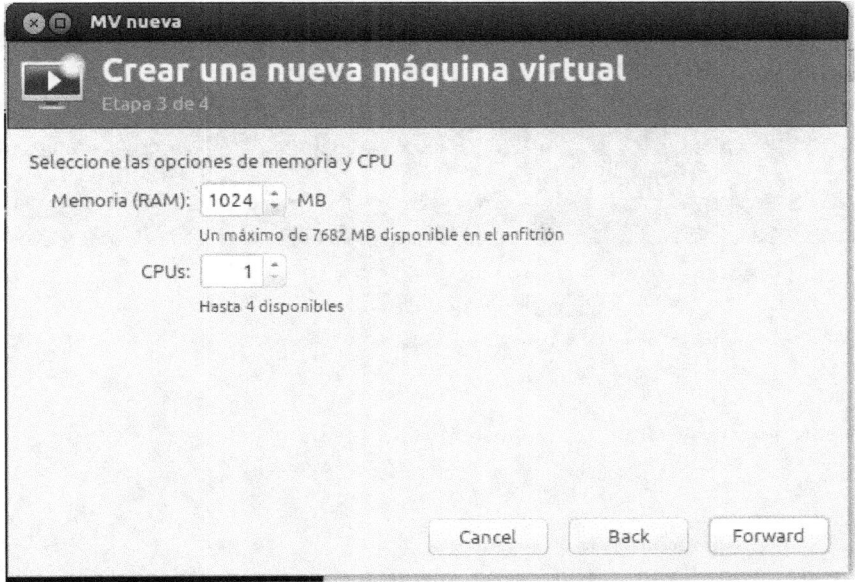

Al finalizar el proceso de configuración inicial, podremos optar por seleccionar la casilla de configurar antes de instalar para perfilar más aun la configuración de cada uno de los componentes que vamos a usar.

En este punto, en opciones avanzadas, debemos elegir unos parámetros que posteriormente no vamos a poder modificar desde la configuración de la máquina en virt-manager, solamente podremos modificarlos desde el xml. Se trata del tipo de virtualización (hypervisor), arquitectura para el cliente y el firmware a usar.

Hypervisor:

- **kvm**: Es una solución de virtualización completa para hardware x86 con extensiones de virtualización Intel-VT y AMD-V. Se trata de una serie de módulos del kernel que proporcionan el core para la infraestructura de virtualización y el acceso al procesador. Para su funcionamiento, KVM requiere un QEMU modificado.
- **Qemu**: Solución de paravirtualización. Es un proyecto opensource que permite emular y virtualizar máquinas. Cuando se usa como emulador permite ejecutar sistemas operativos de diferente arquitectura usando traducción dinámica con un buen resultado. Cuando se usa para virtualizar, QEMU consigue alcanzar un rendimiento cerca del nativo. QEMU soporta virtualización cuando se ejecuta baja hypervisores como Xen o KVM. Al usarse con KVM, QEMU puede virtualizar sistemas x86, PowerPC y clientes S390.

Arquitectura: x86_64, i686.

Firmware: Default, UEFI.

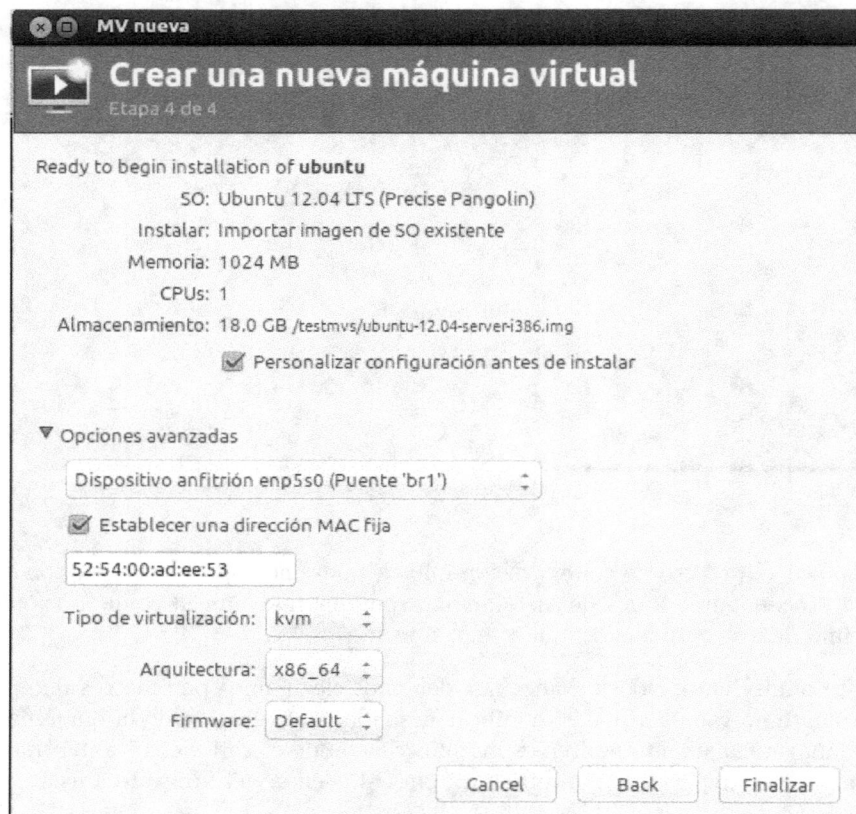

Overview: Podremos visualizar el nombre de la máquina, su estado y los parámetros seleccionados en el punto anterior (hypervisor, arquitectura y firmware).

En pociones de la máquina podremos activar el ACPI (Advanced Configuration and Power Interface "Gestión de energía") , APIC (Advanced Programmable Interrupt Controller "Gestión de interrupciones") y seleccionar el reloj del sistema (utc o localhost).

10.4 Crear MV's

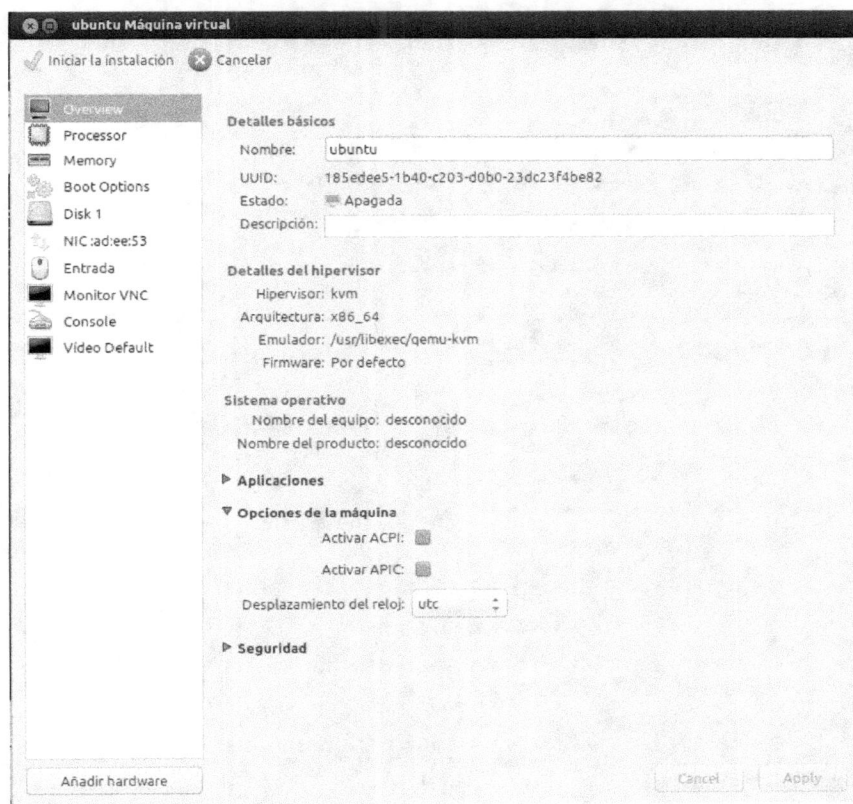

En esta misma pantalla también podremos definir el tipo de seguridad SELinux a usar, dinámico (será el propio sistema el encargado de gestionarlo) o estático (es el administrador encargado de etiquetar las imágenes en el disco). Entraremos en más detalles en el capítulo de seguridad.

Capítulo 10. KVM

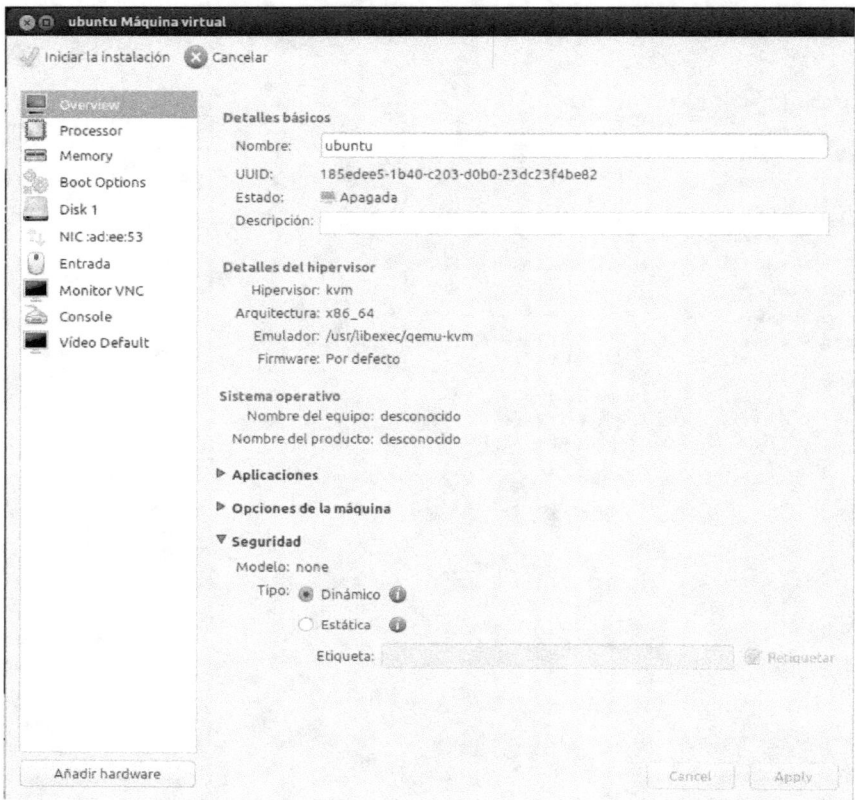

Processor: En esta pantalla vamos a poder configurar los parámetros referentes a la CPU que vamos a usar en nuestro cliente.

En primer lugar podremos elegir la cantidad de CPU lógicas que le vamos a asignar y la cantidad máxima que le vamos a permitir usar. El sistema nos permitirá asignar más CPUs de las que dispone el host físico, aunque nos advertirá que esto puede perjudicar al rendimiento global del sistema.

Desde la versión RHEL 6.3, se permite la asignación en caliente de CPUs virtuales según la necesidad de procesamiento del cliente. En el apartado de Asignación máxima, le podremos indicar a KVM el número máximo de CPUs virtuales que le va a poder asignar a nuestro cliente en caliente en caso de necesitarlo y sin tener que reiniciarlo.

Nota: Las CPUs virtuales se pueden asignar en caliente, pero no se pueden reducir sin un reinicio del cliente. Podemos aumentar el número de CPU's virtuales asignada a un cliente desde la ventana de detalles, en Processor y ampliando la asignación actual de CPUs lógicas a las deseadas y como máxima el valor indicado como tal, una vez elegido el número de CPUs que queremos le damos a aplicar y el cliente pasará a hacer uso de ellas.

En linux podemos comprobarlo mediante la app mpstat, que nos mostrará el número de CPUs del que disponemos y el uso que se está haciendo de ellas.

```
# apt-get install sysstat
# mpstat -P ALL
```

En Configuración vamos a poder seleccionar cada una de las características de la CPU que vamos a querer usar en nuestro cliente o podremos usar cualquiera de las que vienen predefinidas en el sistema.

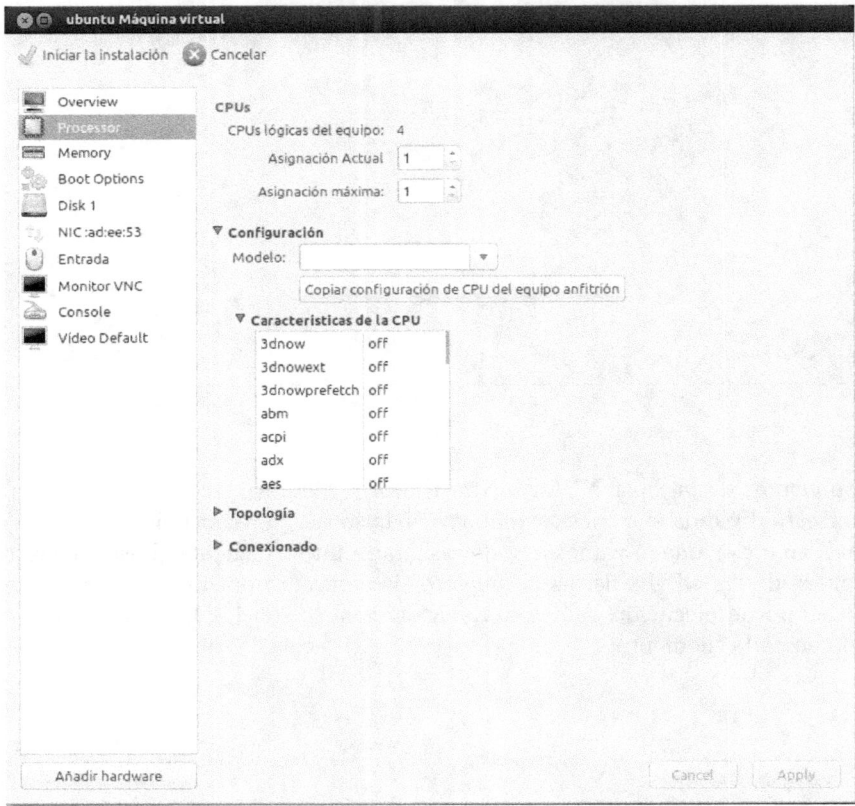

En el apartado de topología, vamos a poder especificar si la cantidad de sockets, cores y threats que vamos a querer emular para la CPU que usará nuestro cliente.

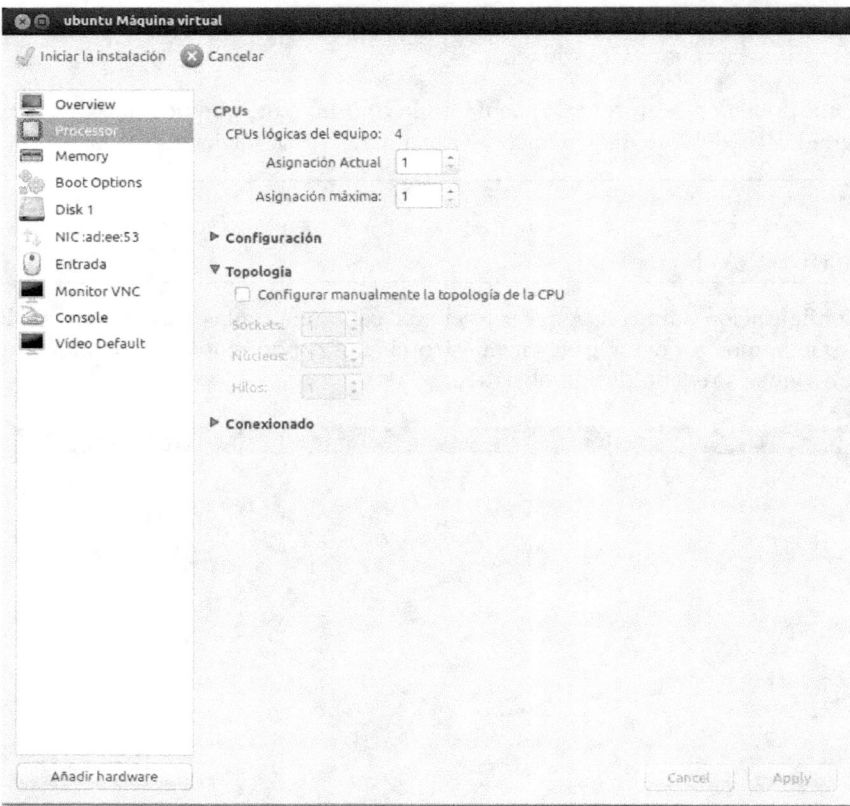

Si disponemos de un host NUMA (Non-Uniform Memory Access, la memoria del sistema esta dividida en zonas asignadas a cada socket para optimizar el acceso a la misma), en conexionado vamos a poder asignar a nuestro cliente el uso concreto de cualquiera de las CPU's físicas de nuestro sistema para optimizar el rendimiento y en tiempo de ejecución vamos a visualizar cuales son las CPU's que se están usando en cada momento.

10.4 Crear MV's

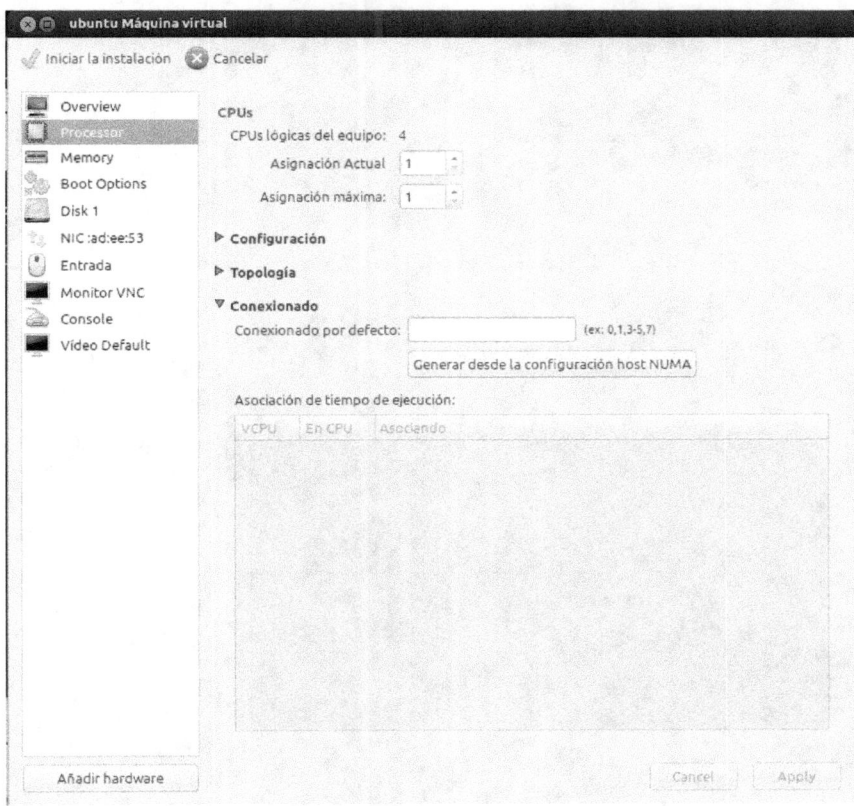

Memory: Al igual que en la pantalla Processor, vamos a poder asignar a nuestro sistema virtualizado la cantidad de memoria que queremos que use y el máximo de memoria que le vamos a poder configurar en caliente si lo necesitamos.

En este caso, si que vamos a poder asignar más memoria hasta llegar al límite máximo fijado sin tener que reiniciar nuestro sistema, al igual que si lo deseamos podremos reducir dicha cantidad en caliente.

Capítulo 10. KVM

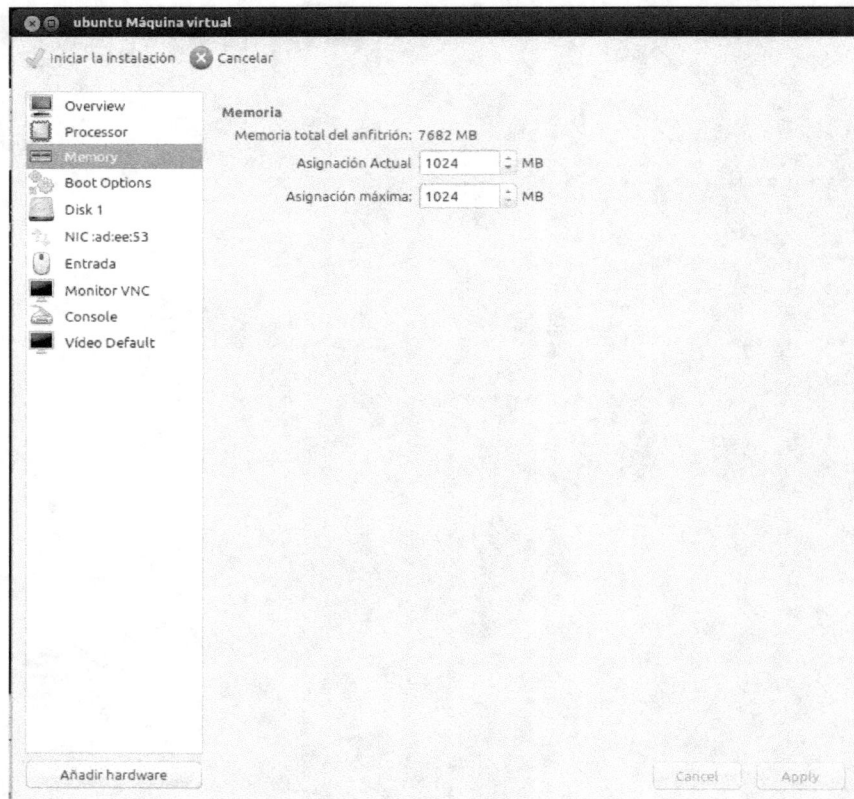

Boot Options: Aquí podremos configurar los dispositivos y opciones de arranque de nuestro cliente.

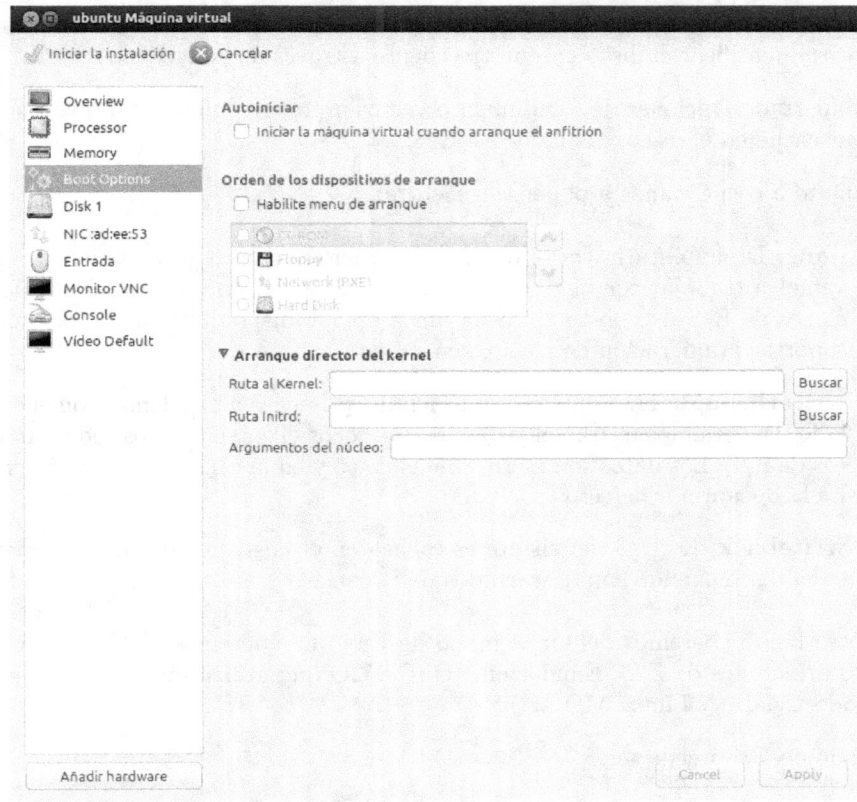

Disco Virtual:

Solo lectura: El disco será de solo lectura para el cliente.

Compatible: Permitirá que el disco sea compartido entre varios clientes. Etiquetará el disco para que SELinux permita que este disco sea usando por múltiples clientes y deshabilitará la caché para el mismo.

En opciones avanzadas indicaremos el Bus que vamos a usar en el disco. Es muy recomendable si tenemos el driver para nuestro cliente usar Virtio ya que mejorará mucho el rendimiento. También podremos definirlo como IDE, SCSI, SATA y USB. Podremos encontrar los drivers Virtio de Windows en http://www.linux-kvm. org/page/WindowsGuestDrivers/Download_Drivers

Otra de las elecciones importantes que deberemos realizar aquí es el formato en el que tendremos nuestro disco. Tal como hemos comentado anteriormente en este mismo capítulo, para entornos de producción en los que necesitemos un buen rendimiento, la mejor opción es tener los discos en raw.

También podemos etiquetar nuestros discos con la opción número de serie, que nos permitirá identificar el disco en nuestro cliente a través de /dev/disk/by-id/

En el apartado Opciones de Rendimiento vamos a poder configurar si queremos o no usar caché en el disco y el modo de E/S.

En cuanto a caché vamos a poder elegir entre:

- **none**: Deshabilita la caché del disco. Deberíamos usar esta opción cuando vamos a trabajar con clientes que requieran de una gran cantidad de operaciones de E/S. No obstante, es la única opción disponible cuando deseemos soportar la migración de clientes en caliente.

- **writethrough**: Esta opción es más lenta y propensa a problemas con el escalado. Deberíamos usarla en sistemas con pocos clientes y bajos requerimientos de E/S. Los datos son escritos en el disco y en la caché simultáneamente. Es la opción por defecto.

- **writeback**: La E/S del cliente es cachea en el host. Los datos son escritos en el disco cuando son descartados de la caché.

Por otro lado deberemos definir el modo de E/S que queremos. QEMU Usa dos modos asíncronos de E/S. Emulación POSIX AIO que utiliza un pool de threads en modo usuario y Linux AIO nativo

El modo de E/S puede ser:

- **native**: Es el modo por defecto que usa Red Hat Enterprise en sus entornos de virtualización.

- **threads**: Basado en threads ejecutándose en el espacio del usuario, con las consecuencias que ello implica "mayor latencia" dado que tiene que realizar todas las tareas para este tipo de procesos (cambio contexto, tareas prioritarias, comprobación permisos, etc).

En RHEL 7 el modo por defecto es threads.

Para los más interesados os remito a un benchmark en el que se habla y comparan estos dos modos de E/S.

http://www.linux-kvm.org/page/Virtio/Block/Latency

Para finalizar, en Ajustes E/S de esta pantalla vamos a poder configurar hasta el detalle la velocidad que vamos a querer para cada uno de nuestros discos para E/S ya sea en Kbytes/s o IOPS/s. Hay que tener en cuenta que los parámetros que definamos aquí siempre van a ser para limitar el acceso a nuestro disco, ya que en ningún caso vamos a poder obtener mayor rendimiento modificando estos parámetros del que nos de nuestra configuración y hardware.

10.4 Crear MV's

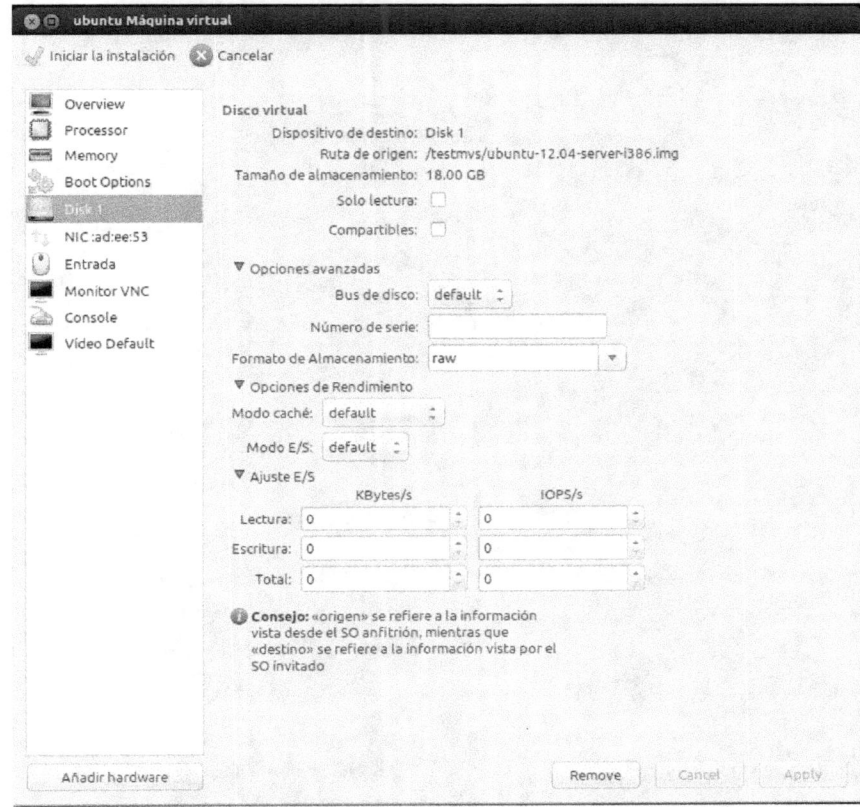

NIC: En esta pantalla vamos a poder seleccionar el dispositivo del host a través del cual vamos a querer dar conexión a nuestro cliente, ya sea un dispositivo o nada de las redes virtuales definidas y el driver del dispositivo que vamos a querer configurar.

Tal como hemos comentado anteriormente, si disponemos de los drivers para nuestro cliente, la opción que mejor rendimiento nos va a ofrecer es usar dispositivos Virtio.

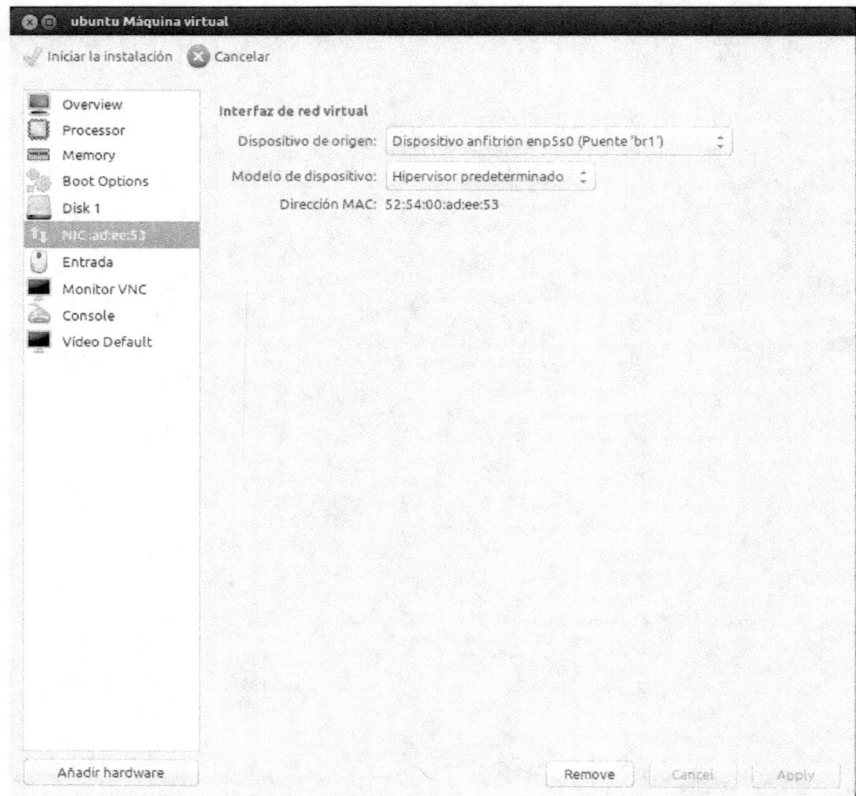

10.5 Backups de MV's

Al estar trabajando con imágenes de disco ubicadas en archivos físicos dentro de nuestro sistema de ficheros, ya sea local en un directorio, en un disco físico unidad scsi o iscsi o en un recurso de red, para realizar un backup de la imagen completa de una MV, simplemente deberemos apagarla y copiar el archivo .img a la unidad de backup deseada.

La ventaja obvia frente a máquinas físicas es que siempre es mucho más sencillo almacenar y restaurar este tipo de copias que cualquier copia de un sistema ubicado en hardware físico. Ya sea por tratarse de simplemente restaurar un archivo como por no depender en absoluto del hardware físico del sistema donde la vamos a ejecutar.

Al trabajar en raw, para optimizar el espacio ocupado por las copias de seguridad. podremos convertir en ese momento el archivo a otro formato que ocupe menos, por ejemplo qcow2 mediante la herramienta qemu-img

```
# qemu-img convert -O qcow2 origen.img destino.img
```

Si usamos directamente imágenes qcow2 (no recomendable en producción porque reduce el rendimiento), podremos realizar snapshots temporales de la MV's en caliente con la herramienta qemu-img. Esto creara puntos de restauración dentro de la misma imagen a los que podremos volver cuando tengamos necesidad de ello.

- -c crear
- -d borrar
- -a volver al snapshot indicado
- -l listar snapshots

```
# qemu-img snapshot -c tag_snapshot imagen.img
```

IMPORTANTE: Aunque es posible, NO se deben realizar este tipo de snapshots en caliente, es altamente recomendable apagar el cliente antes de realizar el snapshot. Puede darse el caso que al crear uno de estos puntos de restauración nos aparezca el mensaje "Could not read snapshots: File too large" y no podamos volver a recuperar nuestro archivo, dejándolo inutilizable.

Otra alternativa es crear snapshots en un archivo de imagen diferente, estos snapshots también los podremos crear en caliente pero no son acumulables entre si. Esta opción solo la vamos a poder usarla en imágenes qcow2, no en raw.

```
# qemu-img create -f qcow2 -b origen.img snapshot.img
# qemu-img info snapshot.img
```

Una vez creado el snapshot, editaremos el fichero .xml que define nuestro cliente y modificaremos el disco, haciendo que apunte al nuevo fichero creado.

/etc/libvirt/qemu/ubuntu.xml

```
<disk type='file' device='disk'>
    <driver name='qemu' type='qcow2'/>
    <source file='/testmvs/snapshot.img'/>
    <target dev='vda' bus='virtio'/>
    <address type='pci' domain='0x0000' bus='0x00' slot='0x04' function='0x0'/>
</disk>
```

Volveremos a definir nuestra máquina en libvirt para que coja la nueva configuración

```
# virsh define /etc/libvirt/qemu/ubuntu.xml
```

Al reiniciar el cliente, todos los cambios que realicemos a partir de ahora serán escritos en dicho fichero de snapshot. Si en cualquier momento quisiésemos volver al estado inicial, simplemente deberíamos configurar de nuevo el .xml para que apuntase al archivo original y definir de nuevo el cliente en libvirt.

Si lo que queremos es consolidar los cambios hechos en el snapshot, deberemos ejecutar un commit sobre este fichero, volver el .xml a su estado original y definir de nuevo el cliente en libvirt.

```
# qemu-img commit snapshot.img
```

Otra alternativa es usar LiveBackup de QEMU para realizar copias completas e incrementales de las imágenes de los clientes en discos locales o en otros servidores a través de conexiones TCP.

Para aquellos que estéis interesados os adjunto el enlace a toda la información sobre LiveBackup `http://wiki.qemu.org/Features/Livebackup`

En último lugar comentar una opción muy interesante de qemu-img que nos permitirá aumentar el tamaño de nuestra imagen cuando lo necesitemos. No obstante, luego deberemos poder redimensionar nuestras particiones dentro del sistema cliente o usar este espacio para nuevas particiones.

```
# qemu-img resize /testmvs/imagen.raw +2GB
```

Capítulo 11

Configurar recursos del Cluster

IMPORTANTE: *Tres reglas básicas a la hora de actualizar la configuración del cluster.*
 1.- Nunca editaremos el archivo cib.xml manualmente.
 2.- Leer de nuevo la regla número 1
 3.- El cluster se dará cuenta si has ignorado las reglas 1 & 2 y rechazará los cambios realizados.

Si queremos usar nuestro editor de texto favorito para editar la configuración de Pacemaker. Deberemos declarar el editor de texto a usar en la consolas

```
# declare -x EDITOR="/bin/nano"
```

A continuación, para editar la configuración.

```
# pcs cluster edit
```

Cuando definimos un recurso debemos fijarnos en los diferentes parámetros que usamos. Podemos clasificarlos en 4 tipos (Propiedades, Opciones, Atributos y Operaciones).

- **Propiedades del recurso**: el nombre, la clase, el proveedor y el tipo.

    Ejem: resource create freedos ocf:heartbeat:VirtualDomain

    - **clase**. Los valores permitidos son:

        - **lsb**: scripts de inicio de /etc/init.d/
        - **ocf**: scripts que podemos encontrar en /usr/lib/ocf/resources.d/
        - **stonith**: exclusivo para dispositivos de fencing.
        - **upstart**: scripts de inicio del sistema Upstart.

- **systemd**: scripts de inicio del sistema SystemD.
- **service**: scripts de inicio del sistema genérico. Pacemaker seguirá el siguiente orden (lsb,systemd,upstart).
- **nagios**: nos permitirá monitorizar servicios en nodos remotos.

- **proveedor**. OCF permite múltiples proveedores de agentes. Aquí podremos indicar cual usamos.

    Ejem: resource create drbd_datos ocf:linbit:drbd

- **tipo**: Nombre del agente. Ejem VirtualDomain, FileSystem

- **Opciones**: Usadas por el cluster para decidir como se tiene que comportar el recurso. Indicar si el recurso esta iniciado o no, si es un recurso administrado o no, el contador de numero de fallos, etc.

- **Atributos**: que nos indicarán los diferentes parámetros de configuración del recurso.

- **Operaciones**: en las que definiremos las diferentes opciones de monitorización y sus tiempos, así como las acciones a tomar en cada caso particular.

Para configurar los recursos del cluster es recomendable volcar primero la configuración en un fichero y si no da ningún error al finalizar los cambios, actualizar el cib. Para ello podemos usar los siguientes comandos

```
# pcs cluster cib archivo_cfg
# ...
# pcs cluster cib-push archivo_cfg
```

11.1 Instalar y configurar cLVM y GFS2

Antes de empezar a definir los recursos del cluster deberemos de habilitar un espacio de disco donde colocaremos los archivos e imágenes que vamos a necesitar. Para ello realizaremos los siguientes pasos

- Configurar LVM. Crear los volúmenes físicos (PV), grupos (VG) y lógicos (LV).

- Configurar y formatear el espació a compartir con GFS2.

- Añadir el almacenamiento al cluster.

No es estrictamente necesario usar clvm si usamos el sistema de ficheros gfs2, ya que gfs2 usa DLM directamente, pero es recomendable.

11.1 Instalar y configurar cLVM y GFS2

Concretamente porque provee a las particiones o volúmenes lógicos del cluster de DLM-backet locking y esto puede ser usado para gestionar los backups/snapshots de nuestras máquinas virtuales.

Para crear el cLVM, primero necesitamos hacer 3 cambios en la configuración.

- Filtrar la salida de los dispositivos DRBD de respaldo para que LVM no vea la misma firma dos veces.
- Cambiar de bloqueo local a bloqueo de cluster
- Prevenir el retorno a bloqueo local cuando el cluster no este disponible.
- Deshabilitar la agregación dinámica de metadatos en LVM

La mayor parte de los comandos LVM requieren una visión exacta de los metadatos LVM almacenados en los dispositivos del sistema. Si esta información no está disponible, LVM debe escanear todos los dispositivos físicos en el sistema. Esto requiere una cantidad importante de operaciones de E/S en sistemas con muchos discos.
El propósito de lvmetad es eliminar la necesidad de escanear al agregar información de metadatos cada vez que el estatus de un dispositivo cambie.
No es posible usar lvmetad junto a la opción locking_type=3 debido a que lvmetad no soporta entornos de clustering.

```
# cp /etc/lvm/lvm.conf /etc/lvm/lvm.conf.orig
```

Como solo vamos a usar LVM en nuestros dispositivos DRBD, cambiamos

```
# sed -i 's^filter = \[ "a/\.\*/" \]^filter = \[ "a|/dev/drbd*|", "r/.*/" \]^' /etc/lvm/lvm.conf
```

Cambiamos bloque local (1) por cluster (3)

```
# sed -i 's/locking_type = 1$/locking_type = 3/' /etc/lvm/lvm.conf
```

Deshabilitamos fall-back to local

```
# sed -i 's/fallback_to_local_locking = 1$/fallback_to_local_locking = 0/' /etc/lvm/lvm.conf
```

Deshabilitamos lvmetad

```
# sed -i 's/use_lvmetad = 1$/use_lvmetad = 0/' /etc/lvm/lvm.conf
```

Posteriormente copiaremos el archivo modificado a los otros nodos del cluster.

Capítulo 11. Configurar recursos del Cluster

```
# rsync -av /etc/lvm/lvm.conf root@nodo02:/etc/lvm/

# systemctl disable lvm2-lvmetad.service
# systemctl disable lvm2-lvmetad.socket
# systemctl stop lvm2-lvmetad.service
```

Iniciamos el servicio DLM y cLVM. El servicio de cluster debe estar iniciado antes de iniciar el DLM.

```
# pcs status
# pcs cluster start
# systemctl start dlm.service
# clvmd
```

A continuación conectaremos DRBD y lo configuraremos como primario. En ambos nodos

```
# modprobe drbd
# drbdadm up datos
# drbdadm primary datos
```

Una vez conectado y configurado nuestro disco como primario, vamos a crear el volumen lógico con el cual vamos a trabajar.

NOTA: Cuando trabajamos con DRBD y LVM podemos usar cualquiera de las dos estrategias disponibles. Podemos crear sobre el disco DRBD nuestro volumen o podremos crear sobre un volumen creado nuestro disco DRBD. En un principio nos será indiferente cual de las dos usemos y la selección será más personal que técnica.

```
# pvcreate /dev/drbd0
# vgcreate -c y vg_shared /dev/drbd0
# lvcreate -l 100 %FREE -n lv_shared vg_shared
```

Si en el momento de crear los volúmenes el sistema nos devuelve algún error, puede ser debido a que el servicio clvmd no es capaz de iniciarse, habrá que comprobar el log del sistema.

Si el error que nos aparece es parecido al siguiente, deberemos comprobar la configuración del cluster y asegurarnos que los dos nodos están activos o hacerle ver al cluster que sólo existe en ese momento el nodo activo.

```
dlm_controld[2260]: 713 fence work wait for quorum
dlm_controld[2260]: 723 clvmd wait for quorum
```

Si solamente estamos trabajando con un nodo deberemos quitar la configuración del nodo sobrante de /etc/corosync/corosync.conf y eliminarlo de la configuración del cluster

```
// Decirle al cluster que el nodo02 esta inactivo
# pcs stonith confirm node02

// Eliminar mediante el editor de texto deseado el nodo02 de la configuración una vez eliminado de
// corosoync.conf y reiniciado el servicio.
# declare -x EDITOR=/bin/nano
# pcs cluster editar

// Eliminar el nodo02 mediante pcs
# pcs cluster node remove node02
```

El siguiente paso será **instalar GFS2**

```
# yum install gfs2-utils
```

Y formatear el disco en uno de los nodos

```
# mkfs.gfs2 -p lock_dlm -j 2 -t kuster-test:datos /dev/vg_shared/lv_shared
```

En primer lugar usamos el parámetro -p para especificar que queremos usar el DLM del kernel.

-j para indicar que deberíamos reservar suficiente espacio para 2 journals (uno por nodo que va a acceder al sistema de ficheros)

-t para especificar el nombre de la tabla de bloqueos.

Posteriormente podremos montar la partición. En ambos nodos

```
# mkdir /home/datos

# systemctl start dlm

# mount /dev/vg_shared/lv_shared /home/datos

# umount /home/datos
```

11.2 Configurar recurso DRBD

Mientras en una consola vamos ejecutando los siguientes comandos para crear los recursos del cluster, en otra podemos ejecutar crm_mon para ir visualizando los cambios en el cluster.

en un solo nodo

```
# pcs cluster cib drbd_cfg
# pcs -f drbd_cfg resource create drbd_datos ocf:linbit:drbd \
    drbd_resource=datos op monitor interval=60s
# pcs -f drbd_cfg resource master drbd_datos-clone drbd_datos \
    master-max=2 master-node-max=1 \
    clone-max=2 clone-node-max=1 notify=true
# pcs cluster cib-push drbd_cfg
```

Opciones de clone:

master-max. Cuantas copias del recurso pueden ser promovidas a master. Por defecto 1.

master-node-max. Cuantas copias del recurso pueden ser promovidas a master en un mismo nodo. Por defecto 1.

clone-max. Cuantas copias del recurso pueden ser iniciadas. Por defecto el número de nodos del cluster.

clone-node-max. Cuantas copias del recurso pueden ser iniciadas en un mismo nodo. Por defecto 1.

notify. Cuando se para o inicia una copia del clon, se avisa a todos las demás copias antes de iniciar y cuando ha finalizado la acción.

Hay que esperar unos instantes hasta que el sistema promocione a ambos nodos como master. Inicialmente solamente uno lo pone como master.

11.3   Configurar DLM

```
# pcs cluster cib dlm_cfg
# pcs -f dlm_cfg resource create dlm ocf:pacemaker:controld op monitor \
    interval=60s
# pcs -f dlm_cfg resource clone dlm clone-max=2 clone-node-max=1
# pcs cluster cib-push dlm_cfg
```

11.4 Configurar Cluster LVM

```
# pcs cluster cib clvmd_cfg
# pcs -f clvmd_cfg resource create clvmd ocf:heartbeat:clvm op monitor \
      interval=60s
# pcs -f clvmd_cfg resource clone clvmd clone-max=2 clone-node-max=1
# pcs cluster cib-push clvmd_cfg
```

11.5 Configurar el sistema de ficheros

```
# pcs cluster cib fs_cfg
# pcs -f fs_cfg resource create sharedFS Filesystem \
      device="/dev/vg_shared/lv_shared" \
      directory="/home/datos" fstype="gfs2"
# pcs -f fs_cfg resource clone sharedFS clone-max=2 clone-node-max=1
# pcs cluster cib-push fs_cfg
```

11.6 Configurar las restricciones

Según vamos definiendo recursos en nuestro sistema, iremos precisando de una serie de restricciones que vamos a tener que definir en nuestro sistema para un buen funcionamiento.

Podemos encontrar 3 tipos de restricciones: de posicionamiento (location), de orden (order) y de panelación (colocation).

Para cada uno de ellos, el cluster va a usar un sistema de puntuación (scores) que le indicará a cada recurso donde debe ejecutarse.

Ningún nodo con una puntuación negativa para un recurso, podrá ejecutar el mismo.

Para definir las puntuaciones de cada recurso podremos usar enteros o las constantes INFINITY/-INFINITY que el sistema les asigna un valor de 1.000.000

Location:

Con ellas podremos definir la prioridad o/y obligación de que un recurso se ejecute en un nodo u otro.

```
<constraints>
        <rsc_location id="loc-1" rsc="Webserver" node="sles-1" score="200"/>
        <rsc_location id="loc-2" rsc="Webserver" node="sles-3" score="0"/>
        <rsc_location id="loc-3" rsc="Database" node="sles-2" score="200"/>
        <rsc_location id="loc-4" rsc="Database" node="sles-3" score="0"/>
</constraints>

<constraints>
        <rsc_location id="loc-1" rsc="Webserver" node="sles-1" score="200"/>
        <rsc_location id="loc-2-dont-run" rsc="Webserver" node="sles-2" score="-INFINITY"/>
        <rsc_location id="loc-3-dont-run" rsc="Database" node="sles-1" score="-INFINITY"/>
        <rsc_location id="loc-4" rsc="Database" node="sles-2" score="200"/>
</constraints>

<constraints>
        <rsc_location id="loc-1" rsc="Webserver" node="sles-1" score="INFINITY"/>
        <rsc_location id="loc-2" rsc="Webserver" node="sles-2" score="-INFINITY"/>
        <rsc_location id="loc-3" rsc="Database" node="sles-1" score="500"/>
        <rsc_location id="loc-4" rsc="Database" node="sles-2" score="300"/>
        <rsc_location id="loc-5" rsc="Database" node="sles-2" score="200"/>
</constraints>
```

Order:

Con estas restricciones le indicaremos al cluster el orden en el que debe ejecutar los recursos.

```
<constraints>
        <rsc_order id="order-1" first="Database" then="Webserver" />
        <rsc_order id="order-2" first="IP" then="Webserver" score="0"/>
</constraints>
```

score. Si es mayor de 0 la restricción es obligatoria. Si es 0 se trata sólo de una sugerencia. El valor por defecto es INFINITY.

symmetrical. Si es true, valor por defecto, se pararan los recursos en orden inverso.

kind. Indica al sistema como se impondrá la restricción.

- **Optional**: Solo aplica la restricción si ambos recursos están iniciándose o parándose. Ningún cambio en el primer recurso afecta al segundo.

- **Mandatory**: (valor por defecto). Cualquier cambio en el primer recurso afecta al segundo. Si el primer recurso se para o no arranca, el segundo se parará o reiniciará.

- **Serialize**: Se asegura de que no ocurran concurrentemente dos acciones de start/stop.

Colocation:

Con la panelación le indicaremos al cluster la intencionalidad u obligación de que varios recursos se ejecuten en un mismo nodo o no.

```
<rsc_colocation id="colocate" rsc="resource1" with-rsc="resource2" score="INFINITY"/>

<rsc_colocation id="anti-colocate" rsc="resource1" with-rsc="resource2" score="-INFINITY"/>

<rsc_colocation id="colocate-maybe" rsc="resource1" with-rsc="resource2" score="500"/>
```

score. Valores positivos indica de deberían ejecutarse en el mismo nodo. Negativos que no. Si los valores son +/- INFINITY debemos sustituir "deberían" por "tienen que"

IMPORTANTE: colocation es direccional, esto implica el orden en el que van a tener que ubicarse los recursos en los nodos. Ejem: Si queremos ejecutar un recurso website en el nodo que tenga la ipsite deberíamos definir:

```
# pcs constraint colocation add website ipsite INFINITY
```

En nuestro caso, vamos a definir las siguientes restricciones

```
# pcs cluster cib restricciones_cfg
# pcs -f restricciones_cfg constraint order start dlm-clone \
    then promote drbd_datos-clone
# pcs -f restricciones_cfg constraint order promote drbd_datos-clone \
    then start clvmd-clone kind=Serialize
# pcs -f restricciones_cfg constraint order start clvmd-clone \
    then start sharedFS-clone kind=Serialize

# pcs -f restricciones_cfg constraint colocation add master \
    drbd_datos-clone with dlm-clone
# pcs -f restricciones_cfg constraint colocation add clvmd-clone with \
    master drbd_datos-clone
# pcs -f restricciones_cfg constraint colocation add sharedFS-clone clvmd-clone

# pcs cluster cib-push restricciones_cfg

# pcs constraint show
```

11.7 Configurar libvirtd

```
# pcs cluster cib libvirt_cfg
# pcs -f libvirt_cfg resource create res_libvirtd systemd:libvirtd \
    op start interval=0s timeout=15s \
    stop interval=0s timeout=15s \
    monitor interval=15s timeout=15s
# pcs -f libvirt_cfg resource clone res_libvirtd clone-max=2 notify=true
# pcs cluster cib-push libvirt_cfg
```

Si las imágenes de las máquinas virtuales las vamos a tener en nuestro disco compartido gfs2, vamos a tener que definir las restricciones necesarias para que no se ejecute libvirtd hasta que no tengamos montada la unidad compartida.

```
# pcs cluster cib restricciones_lbvd_cfg
# pcs -f restricciones_lbvd_cfg constraint order start sharedFS-clone \
    then start res_libvirtd-clone kind=Serialize
# pcs -f restricciones_lbvd_cfg constraint colocation \
    add res_libvirtd-clone sharedFS-clone
# pcs cluster cib-push restricciones_lbvd_cfg
```

11.8 Configurar MV's

Para poder gestionar las Mv's desde los dos nodos del cluster vamos a necesitar que las imágenes estén disponibles desde ambos, por lo que deberemos de tenerlas en el disco drbd que hemos creado y configurado para tal uso.

Deberemos hacer los mismo para los ficheros .xml que definen cada una de las Mvs. Hay que tener en cuenta que estos ficheros no deben de estar NUNCA en /etc/libvirt/qemu, ya que el script VirtualDomain proporcionado en este sistema que se encarga de gestionar las Mvs, entre otras cosas comprueba y se encargará de borrarlos si están en este directorio.

Para continuar con nuestras pruebas vamos a tener que definir como pool para nuestro sistema de virtualización el nuevo directorio compartido que hemos creado y que montamos con pacemaker (/home/datos/images). A partir de este momento podremos crear en este directorio las nuevas Mvs que queramos o en nuestro caso podemos copiar a él las imágenes de las máquinas creadas en los capítulos anteriores y modificamos la ubicación de la imagen del sistema en el archivo .xml. Además configuraremos un directorio dentro del disco compartido en el cual pondremos los .xml que definen nuestras maquinas.

(Ejem.: /home/datos/xmls/ubuntu.xml)

Para finalizar configuramos la MV en Pacemaker.

```
# pcs cluster cib vm1_cfg
# pcs -f vm1_cfg resource create ubuntu ocf:heartbeat:VirtualDomain \
    hypervisor="qemu:///system" config="/home/datos/xmls/ubuntu.xml" \
    migration_transport=ssh meta allow-migrate=true
# pcs cluster cib-push vm1_cfg
```

También deberíamos definirle las restricciones a nuestras máquinas para que no se intenten iniciar si no ha arrancado libvirtd primero.

```
# pcs cluster cib restricciones_mv1_cfg
# pcs -f restricciones_mv1_cfg constraint order start res_libvirtd-clone \
    then start ubuntu symmetrical=false
# pcs cluster cib-push restricciones_mv1_cfg
```

IMPORTANTE: Si NO usamos el parámetro symmetrical al configurar la restricción de orden, al apagar la máquina virtual apagará el recurso con el que se esta relacionando. El valor por defecto de esta opción es true y le indica a Pacemaker que debe parar los recursos en orden inverso al que están definidos si se para el último de ellos.

IMPORTANTE: El script VirtualDomain que gestiona las máquinas virtuales en Pacemaker que está incluido en CentOS 7 versión del paquete resource-agents 3.9.5 tiene un bug que no le permite detectar correctamente el apagado de las máquinas virtuales y deja al sistema inestable hasta que matamos el proceso de monitorización nosotros mismos. Para actualizar dicho script deberemos descargarnos la versión 3.9.6 de la siguiente url `https://github.com/ClusterLabs/resource-agents/archive/v3.9.6.zip`, descomprimir el zip y copiar el archivo VirtualDomanin que contiene por el original de la 3.9.5 que esta en /usr/lib/ocf/resource.d/heartbeat/

11.9 Conclusiones

Llegados a este punto ya debemos ser capaces de configurar nuestro cluster y todos los recursos que queramos gestionar desde el mismo. Ya debemos estar capacitados para definir recursos DRBD, sistemas de ficheros, cualquier servicio de nuestro sistema (libvirtd, máquinas virtuales, apache2, mysql, ...) y definir las restricciones que se deben aplicar a cada uno de ellos.

A partir de ahora simplemente debemos saber como gestionar dichos recursos tal como veremos en el siguiente tema.

Capítulo 12

Gestión del Cluster

A continuación vamos a enumerar una serie de comandos que junto a los que ya hemos usado en capítulos anteriores nos van a permitir gestionar nuestro cluster.

12.1 Iniciar/Parar Cluster

```
# systemctl start/stop pacemaker
```

12.2 Configurar Pacemaker para que se inicie en el arranque del sistemas

```
# systemctl enable/disable pacemaker
```

12.3 Iniciar/Parar recursos

```
# pcs resource enable/disable recurso
```

12.4 Iniciar un recurso en modo debug

```
# pcs resource debug-start --full recurso
```

12.5 Migración MV's en caliente

```
# pcs resource move recurso [nodo destino]
# pcs resource clear recurso
```

12.6 Mostrar la configuración

```
# pcs cluster cib
```

12.7 Mostrar el estado actual del cluster

```
# pcs status
# crm_mon
```

12.8 Poner/Quitar un nodo de standby

```
# pcs cluster standby nodo01
# pcs cluster unstandby nodo01
```

12.9 Borrar un recurso

```
# pcs resource delete recurso
```

12.10 Modificar un recurso

```
# pcs resource update recurso recurso_hash=sourceip
```

12.11 Borrar un parámetro de un recurso

```
# pcs resource update recurso nic=
```

12.12 Recargar configuración desde archivo

```
# pcs cluster reload corosync
```

12.13 Copiar configuración al resto de nodos

Copia la configuración a todos los nodos que se encuentran en el archivo /etc/corosync/corosync.conf

```
# pcs cluster sync
```

12.14 Opciones para realizar copias/backups de la configuración de pacemaker

Muestra la configuración de pacemaker en pantalla o la vuelca en el fichero indicado.

```
# pcs cluster cib [fichero.xml] [alcance]
```

Podemos limitar el alcance de la configuración guardada: nodes, resources, constraints, crm_config, rsc_defaults, op_defaults, status.

Carga la configuración guardada en el fichero indicado.

```
# pcs cluster cib-push <fichero.xml>[alcance]
```

Crea un archivo tar con la configuración de pacemaker

```
# pcs config backup [fichero]
```

Restaura la configuración de pacemaker desde el archivo especificado.

```
# pcs config restore [--local] [fichero]
```

Si no indicamos el parámetro --local, la configuración se restaurará solamente en el nodo en el que se hizo el backup (se ejecute desde el nodo que se ejecute). Si usamos el parámetro --local, la configuración se restaurará en el nodo que lo estamos ejecutando.

Para restaurar el backup, el nodo en el que queramos restaurarla debe tener el servicio del cluster parado.

```
# pcs cluster stop
```

12.15 Otras opciones

en el archivo pcs-crmsh-quick-ref.md de la siguiente url

`https://github.com/ClusterLabs/pacemaker/blob/master/doc/`

12.16 Solución de problemas

Como en cualquier sistema que montemos no estaremos exentos de problemas durante la instalación, ni mientras que lo tengamos funcionando en nuestros nodos. No obstante, si hemos llegado a este punto es que son más los beneficios que esperamos nos aporte el sistema que acabamos de montar que los problemas qué puedan surgirnos.

Para luchar contra ellos vamos a tener que echar mano de logs y más logs hasta lograr encontrar que esta fallando.

En este punto vamos a ver donde tenemos que mirar y qué debemos buscar en cada caso.

En primer lugar, tal como hablamos en el capítulo que configurábamos el sistema operativo de nuestros nodos, es muy importante tener la hora de los mismos sincronizada, ya que nos permitirá situarnos en el momento exacto que se produjo el error en cada uno de los logs en todos los nodos.

Los logs con los que normalmente trabajaremos son:

/var/log/cluster/corosync.log "o el equivalente que hayamos configurado en /etc/corosync/corosync.conf" (log de Corosync)

/var/log/messages (log del sistema)

/var/log/pacemaker.log (log de Pacemaker). La configuración del log de Pacemaker la definiremos en /etc/sysconfig/pacemaker [2]

/var/log/pcsd/pcsd.log (log de PCSD). Habilitaremos o no el debug de PCSD en /etc/sysconfig/pcsd

También podremos usar el siguiente comando para generar un fichero con toda la información de debug del sistema para que podamos analizarla o reportar nuestros problemas.

```
# pcs cluster report /path/fichero
```

En este archivo se incluirán los comandos y errores almacenados por Pacemaker en el directorio /var/lib/pacemaker/pengine y que vendrá definidos por los valores de las siguientes propiedades

PE Error Storage: Número de errores almacenados. **PE Warning Storage**: Número de warning almacenados. **PE Input Storage**: Número de instrucciones/comandos almacenados.

12.17 Simulación fallo de un nodo

En este punto vamos a simular el fallo de un nodo "colgando" uno de los nodos y en el superviviente le indicaremos manualmente que ha fallado el primero (en sistemas donde tengamos configurado los recursos de fencing correctamente no sería necesario indicarle al segundo nodo que el primero ha fallado, Pacemaker lo haría automáticamente)

Sin dispositivo de fencing: Si NO estamos usando el dispositivo de fencing *fence_manual* descrito en el capítulo 6.4, deberemos seguir los siguientes pasos.

Antes de empezar, dado que estamos en un entorno de prueba y no tenemos dispositivo de fencing, ejecutaremos los siguientes comandos con todas las Mvs que tengamos en el sistema paradas.

```
# pcs resource update dlm params args='-s 0 -q 1'

# pcs cluster standby node01
# pcs cluster unstandby node01

# pcs cluster standby node02
# pcs cluster unstandby node02
```

Y comprobaremos que dlm se esta ejecutando con los parámetros '-s 0 -q 1' con el comando

```
# ps -ef
```

Comando para "simular un fallo" de un nodo (en uno de los nodos) https://www.centos.org/docs/5/html/5.1/Deployment_Guide/s3-proc-sys-kernel.html

```
# echo c >/proc/sysrq-trigger
```

Si estamos en un entorno de pruebas donde no disponemos de dispositivos de fencing y tenemos el stonith deshabilitado, deberemos lanzar el siguiente comando desde el nodo vivo para sobrescribir manualmente el estado (en el otro nodo)

```
# pcs stonith confirm nodo01
```

Si estamos usando DLM y DRBD, deberemos indicarle a DLM que salga de su estado de bloqueo mediante el siguiente comando

```
# dlm_tool fence_ack id_nodo1
```

Para que este comando funcione deberemos haber ejecutado dlm_controld con los parámetros "-s 0 -q 1" por ejemplo habiendo modificado el fichero /usr/lib/ocf/resources.d/pacemaker/controld o pasándole los mismos como argumentos (SOLO en entornos de pruebas donde no dispongamos de dispositivos de fencing).

Con dispositivo de fencing: En caso contrario. Si estamos usando el dispositivo de fencing *fence_manual* descrito en el capítulo 6.4, seguiremos los siguientes pasos.

Ejecutaremos el comando para "simular un fallo" de un nodo (en el nodo01)

```
# echo c >/proc/sysrq-trigger
```

Al momento deberemos recibir un correo en la cuenta root@localhost indicándonos que debemos cercar el nodo01 (nodo caído). Por lo tanto, deberemos acceder al nodo superviviente (nodo02) y ejecutar el siguiente comando.

```
# echo 2 >/tmp/nodo01
```

Esto indicará al sistema que el nodo01 está apagado y por lo tanto puede liberar los recursos bloqueados y que el nodo02 (superviviente) pueda levantar los recursos que estaban ejecutándose sobre el nodo01.

Podremos ver los logs en /var/log/messages y /var/log/cluster/corosync.log

Capítulo 13

Escalabilidad

En este capítulo vamos a unir todos los nodos que tenemos configurados en un solo cluster.

En primer lugar borraremos todas las configuraciones anteriores para empezar con una configuración en blanco.

NOTA: podríamos usar la misma configuración eliminando los recursos que ya no nos interesen y configurando los nuevos.

```
# pcs cluster destroy [--all]
```

Con el parámetro --all borraremos la configuración de todos los nodos del cluster actual.

En este caso, al tratarse de más de dos nodos, vamos a necesitar un switch para nuestra red de gestión.

Conectaremos la red de gestión de todos los nodos a través del switch de gestión y los configuraremos.

Modificaremos el archivo /etc/hosts para que resuelva correctamente todos los nodos a través de la red de gestión

```
192.168.26.1 nodo01
...
192.168.26.30 nodo30
```

Configuraremos las claves publica/privada para poder acceder como root desde cualquier nodo a cualquier otro

Capítulo 13. Escalabilidad

```
# ssh nodo0x 'cat /root/.ssh/id_rsa.pub' »/root/.ssh/authorized_keys
...
# scp /root/.ssh/authorized_keys nodo0x:/root/.ssh/
```

Haremos lo mismo con el archivo kwon_hosts

```
# ssh nodo0x
# ssh nodo0x.aiind.upv.es
...
# scp /root/.ssh/kwon_hosts nodo0x:/root/.ssh/
```

Copiaremos el archivo /etc/hosts a todos los nodos

```
# scp /etc/hosts nodo0x:/etc/
```

El siguiente paso será configurar el Cluster

```
# pcs cluster auth nodo01 ... nodo0x -u hacluster

# pcs cluster setup --name kuster-test nodo01 ... nodo0x
```

Luego, modificaremos el archivo /etc/corosync/corosync.conf en uno de los nodos y lo copiaremos al resto.

```
totem {
        version: 2
        cluster_name: kuster-test

        crypto_cipher: none
        crypto_hash: none
}

nodelist {
        node {
                ring0_addr: nodo01
                nodeid: 1
        }
        .
        .
        .
```

```
        node {
                ring0_addr: nodo0x
                nodeid: x
        }
}
quorum {
      provider: corosync_votequorum
}
logging {
      to_stderr: no
      to_logfile: yes
      logfile: /var/log/cluster/corosync.log
      to_syslog: no
      debug: off
      timestamp: on
}
```

En el caso que vayamos a conectar los nodos con un switch que no tiene configurado multicast, configuraremos los nodos para que se comuniquen mediante unicast (no recomendable para cluster con muchos nodos).

/etc/corosync/corosync.conf

```
Totem {
...
        transport: udpu
...
}
```

Copiaremos también el archivo /etc/corosync/authkey desde uno de los nodos a todos los demás.

Una vez configurado corosync, para iniciar el cluster por primera vez, en uno de los nodos

```
# pcs cluster start --all

# pcs status
```

13.1 Configurar recursos

Si estamos usando una versión de Pacemaker anterior a la **1.1.12-1** deberemos deshabilitar el uso de STONITH si no disponemos de dispositivos de fencing y no lo vamos a usar en nuestras pruebas

```
# pcs property set stonith-enabled=false
```

En caso contrario deberemos tener esta propiedad habilitada y tendremos que definir los dispositivos de fencing que vamos a usar. En nuestro caso (en pruebas) vamos a definir el dispositivo fence_manual que comentamos en el capítulo 6 página 46.

Lo siguiente será configurar los recursos. En este caso configuraremos DLM para el control de bloqueos distribuido del sistema de ficheros GFS2 que vamos a usar, configuraremos el recurso iSCSI como almacenamiento de nuestras Mvs y libvirtd para la gestión de las máqinas virtuales.

13.1.1 Instalar iSCSI

```
# yum install iscsi-initiator-utils
```

13.1.2 Conectarse a un target iSCSI

editar /etc/iscsi/iscsid.conf

```
node.startup = automatic

node.session.auth.authmethod = CHAP
node.session.auth.username = kustertest
node.session.auth.password = kt2014iscsit
```

```
# iscsiadm --mode discovery --type sendtargets --portal 192.168.26.100

# iscsiadm --mode node \
     --targetname iqn.2004-04.com.qnap:ts-ec879u-rp:iscsi.testkuster.dba3ab \
     --portal 192.168.26.100 --login
```

13.1.3 Configurar DLM

```
# pcs cluster cib dlm_cfg
# pcs -f dlm_cfg resource create dlm ocf:pacemaker:controld \
      op monitor interval=60s
# pcs -f dlm_cfg resource clone dlm clone-max=8 clone-node-max=1
# pcs cluster cib-push dlm_cfg
```

13.1.4 Configurar el sistema de ficheros

```
# pcs cluster cib fs_cfg
# pcs -f fs_cfg resource create sharedFS Filesystem \
      device="/dev/disk/by-label/kuster-test:datos" \
      directory="/home/datos" fstype="gfs2"
# pcs -f fs_cfg resource clone sharedFS clone-max=8 clone-node-max=1
# pcs cluster cib-push fs_cfg
```

Antes de esto deberíamos asegurarnos que el disco que hemos conectado ya esta particionado y formateado con gfs2. Lo podemos montar con

```
# mount /dev/disk/by-label/kuster-test:datos /home/datos
```

13.1.5 Configurar libvirtd

```
# pcs cluster cib libvirt_cfg
# pcs -f libvirt_cfg resource create res_libvirtd systemd:libvirtd \
      op start interval=0s timeout=15s \
      stop interval=0s timeout=15s \
      monitor interval=15s timeout=15s
# pcs -f libvirt_cfg resource clone res_libvirtd clone-max=8 notify=true
# pcs cluster cib-push libvirt_cfg
```

13.1.6 Configurar restricciones

```
# pcs cluster cib restricciones_cfg
# pcs -f restricciones_cfg constraint order start dlm-clone \
      then start sharedFS-clone kind=Serialize
# pcs -f restricciones_cfg constraint order start sharedFS-clone \
      then start res_libvirtd-clone kind=Serialize

# pcs -f restricciones_cfg constraint colocation \
      add sharedFS-clone with dlm-clone
# pcs -f restricciones_cfg constraint colocation \
      add res_libvirtd-clone with sharedFS-clone

# pcs cluster cib-push restricciones_cfg
```

13.1.7 Configurar MV's

```
# pcs cluster cib vm1_cfg
# pcs -f vm1_cfg resource create ubuntu ocf:heartbeat:VirtualDomain \
      hypervisor="qemu:///system" config="/home/datos/xmls/ubuntu.xml" \
      migration_transport=ssh meta allow-migrate=true
# pcs cluster cib-push vm1_cfg
```

También deberíamos definirle las restricciones a nuestras máquinas para que no se intenten iniciar si no ha arrancado libvirtd primero.

```
# pcs cluster cib restricciones_mv1_cfg
# pcs -f restricciones_mv1_cfg constraint order start res_libvirtd-clone \
      then start ubuntu symmetrical=false
# pcs cluster cib-push restricciones_mv1_cfg
```

Capítulo 14

Seguridad

14.1 SELinux

SELinux es un sistema de seguridad integrado en el kernel de Linux desde la versión 2.6.x.

SELinux viene habilitado por defecto en Centos 7 y entre otras cosas impide que KVM ejecute máquinas virtuales que no estén bien etiquetadas y que no se encuentre por defecto en /var/lib/libvirt/images. Este directorio está etiquetado por defecto con la etiqueta virt_image_t que permite que todas las imágenes de Mvs situadas en este directorio si que puedan ejecutarse por el sistema.

```
# ls -lZ /var/lib/libvirt/
```

Como en nuestro caso hemos estado trabajando en otros directorios, deberemos etiquetarlos para poder habilitar SELinux y que estas Mvs se ejecuten sin problemas.

Para ello deberemos configurar SELinux en modo permissive/enforcing (para que este cambio surta efecto deberemos de reiniciar)

/etc/sysconfig/selinux

```
SELINUX=[permissive / enforcing]
```

SELinux genera un log en /var/log/audit/audit.log.

Una vez configurado SELinux y reiniciada la máquina, con el comando setenforce 0/1 podremos pasar del modo permissive a enforcing sin tener que reiniciar. Con getenforce podremos saber si estamos en modo enforcing o permisssive.

Instalaremos las herramientas de gestión de políticas de SELinux

```
# yum install policycoreutils-python
```

y ejecutar el siguiente comando para etiquetar el directorio en el que vamos a almacenar nuestras imágenes.

```
# semanage fcontext -a -t virt_image_t "/home/datos(/.*)?"
# restorecon -R /home/datos
```

Este comando añadirá en /etc/selinux/targeted/contexts/files/file_contexts.local la siguiente linea.

```
/home/datos/images(/.*)? system_u:object_r:virt_image_t:s0
```

Deberemos también etiquetar el dispositivo ejecutando los siguientes comandos.

```
# semanage permissive -a drbd_t
# semanage fcontext -a -t virt_image_t /dev/drbd0
# restorecon /dev/drbd0
```

SELinux tiene por defecto varios booleanos que afectan a KVM.

allow_unconfined_qemu_transition	Default: off. This boolean controls whether KVM guests can be transitioned to unconfined users.
qemu_full_network	Default: on. Controla el acceso completo de los clientes KVM a la red.
qemu_use_cifs	Default: on. Controla el acceso de KVM a los sistemas de ficheros CIFS o Samba.
qemu_use_comm	Default: off. Controla el acceso de KVM a puertos serie o paralelo del sistema.
qemu_use_nfs	Default: on. Controla el acceso de KVM a sistemas de ficheros NFS.
qemu_use_usb	Default: on. Controla el acceso por parte de KVM a los dispositivos USB.

Tabla 14.1: booleanos KVM para SELinux

Con los comando getsebool y setsebool podemos consultar el estado de estos booleanos y definir su nuevo valor.

14.2 Configuración firewall

A la hora de configurar el firewall debemos tener en cuenta dos cosas.

- El firewall del nodo no configura el acceso a los huéspedes que use el interface en modo bridge.
- Hay que configurar cada uno de los interfaces del nodo de manera independiente.

En cada uno de los nodos deberemos habilitar el acceso a los siguientes puertos para que los componentes de nuestro cluster funcionen sin problemas.

```
Puerto 11111 TCP # ricci (RedHat 6.5)
Puerto 16851 TCP # modclusterd (RedHat 6.5)
Puertos 5404,5405 UDP # Corosync
Puertos 7788-7799 TCP # DRBD
Puerto 7777 TCP # Si usamos OCFS2
Puerto 21064 TCP # DLM
Puertos 5634-6166 TCP # Acceso consolas Mvs de KVM
Puertos 49152 al 49216 TCP # Usado por KVM para realizar las migraciones de
máquinas en caliente.
Puerto 2224 TCP # PCSD Web GUI
Puerto 22 TCP # SSH
Puerto 3260 TCP # en el servidor de discos a través de iSCSI
```

14.3 Usuarios de Pacemaker

Para que los usuarios no root puedan gestionar los recursos del cluster hay que añadirlos al grupo hacluster

```
# gpasswd -a usuario1 hacluster
```

14.4 Acceso remoto a la consola de las Mvs con virt-manager

Para poder gestionar Mvs remotamente con el cliente virt-manager deberemos crear el archivo /etc/polkit-1/rules.d/80-libvirt-manage.rules con el siguiente contenido

```
polkit.addRule(function(action, subject) {
    if (action.id == "org.libvirt.unix.manage" && subject.active && subject.isInGroup("wheel")) {
        return polkit.Result.YES;
    }
});
```

Y añadir a los usuarios que queramos concederles permisos al grupo wheel.

```
# usermod -a -G wheel usuario1
```

Anexos

Anexo A

Guía Rápida

En los capítulos anteriores hemos ido implementando paso a paso cada uno de los componentes que componen nuestro sistema simultáneamente en los dos nodos que forman nuestro cluster. En este capítulo vamos a implementar la misma solución pero en este caso partiendo de la premisa que en un primer momento dispondremos solo de un nodo y posteriormente, una vez configurado y funcionando el primer nodo, instalaremos, configuraremos y añadiremos al cluster nuestro segundo nodo.

A.1 Guía Rápida de Configuración. Nodo 1

A.1.1 Nombrar nodos

Daremos nombre a nuestro nodo (sin dominio ya que será como lo definiremos más adelante para el uso del DRBD y Pacemaker)

```
# hostnamectl set-hostname nodo01 - -static
```

Podemos ponerle una descripción al nodo

```
# hostnamectl set-hostname - -pretty "Cluster Pruebas, Nodo 01"
```

Esta descripción se guardará en /etc/machine-info

Anexo A. Guía Rápida

A.1.2 Configurar interfaces de red

En los nodos de nuestro cluster deberíamos disponer de un mínimo de 2 interfaces de red. Uno para acceso a la red a la que queremos dar servicio (red de servicio) y otro para comunicar los nodos del cluster (red de gestión).

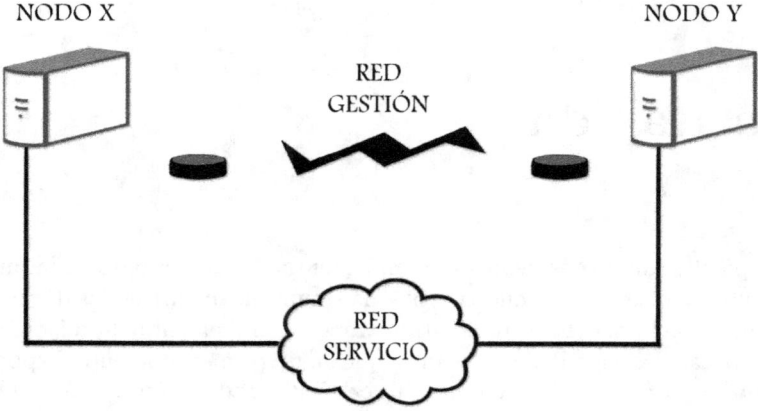

Figura A.1: Esquema conexiones de red

Deberemos comprobar la configuración y si no es correcta modificarla directamente en los archivos de configuración.

Para ello, nos dirigiremos al directorio /etc/sysconfig/network-scripts/ donde encontraremos todos los archivos de configuración y nos fijaremos en los siguientes parámetros

A.1 Guía Rápida de Configuración. Nodo 1

BOOTPROTO= puede ser static, none o dhcp.
IPV6INIT= indica si queremos usar ipv6 o no. yes, no.
IPV6_AUTOCONF = si deseamos autoconfigurar ipv6.
ONBOOT= si iniciamos o no el interface en el arranque. yes, no.
IPADDR= dirección ip si usamos la opción static.
Si queremos usar varias, podemos usar IPADDR0, IPADDR1.
PREFIX= NETMASK en decimal. Ejem prefix=24 == netmask=255.255.255.0
GATEWAY= puerta de enlace.
DNS1= servidor DNS. Puede haber varios.
NETMASK= máscara de red. Puede haber varias.
NETWORK= red. Puede haber varias.
DEFROUTE= si usaremos este interface para conectar con la puerta de enlace remota.
PEERDNS= modificará los servidores DNS en /etc/resolv.conf
PEERROUTES= modificará las rutas por defecto.
IPV4_FAILURE_FATAL= indica si el dispositivo no debe iniciarse si hay un error en la configuración.
STP= Protocolo Spanning Tree. Habilitado por defecto.

/etc/sysconfig/network-scripts/ifcfg-enp5s0 (red de gestión)

enp5s0: static
192.168.26.1/24 - 255.255.255.0
no gateway, no dns

HWADDR=60:A4:4C:4F:86:F8
TYPE=Ethernet
BOOTPROTO=none
DEFROUTE=no
PEERDNS=no
PEERROUTES=no
IPV4_FAILURE_FATAL=no
IPV6INIT=no
IPV6_AUTOCONF=no
IPV6_DEFROUTE=no
IPV6_PEERDNS=no
IPV6_PEERROUTES=no
IPV6_FAILURE_FATAL=no
NAME=enp5s0
UUID=44a2476f-f1b3-4c56-999a-b64252565fe0
ONBOOT=yes
IPADDR=192.168.26.1
NETMASK=255.255.255.0
NETWORK=192.168.26.0

/etc/sysconfig/network-scritpts/ifcfg-enp3s0 (red de servicio)

```
enp3s0: DHCP
172.16.0.1/12 - 255.240.0.0
```

```
HWADDR="00:E0:7D:BC:35:41"
TYPE="Ethernet"
BOOTPROTO="dhcp"
DEFROUTE="yes"
PEERDNS="yes"
PEERROUTES="yes"
IPV4_FAILURE_FATAL="no"
IPV6INIT="yes"
IPV6_AUTOCONF="yes"
IPV6_DEFROUTE="yes"
IPV6_PEERDNS="yes"
IPV6_PEERROUTES="yes"
IPV6_FAILURE_FATAL="no"
NAME="enp3s0"
UUID="2a0936ee-96b2-4428-a2e0-2c75fb3d8db5"
ONBOOT="yes"
```

Reiniciamos la red para que se configure con los nuevos valores. Podemos hacerlo conectados a través de ssh sin que se corte la conexión, pero hay que asegurarse de que el interface por el que estamos conectados no cambia de configuración y/o al menos vamos a poder seguir conectados a través de él.

```
# systemctl restart network
```

Configurar el archivo /etc/hosts para que se puedan resolver los nombres cortos de los nodos contra las direcciones ip de la red de gestión.

```
192.168.26.1 nodo01
192.168.26.2 nodo02
```

Si los nombres FQDN se resuelven a través de un servidor DNS no es necesario que los añadamos.

A.1.3 Firewall y SELinux

Para que no interfieran en las pruebas que vamos a realizar durante el montaje de todo el sistema, deshabilitamos el firewall (iptables / ip6tables) y selinux

/etc/sysconfig/selinux

```
SELINUX=disabled
```

En CentOS7 tenemos dos servicios para configurar el firewall, el usado hasta ahora iptables y el nuevo firewalld. Aunque los dos finalmente terminan usando iptables para establecer las reglas de seguridad.

```
# iptables -L

# systemctl disable firewalld
# systemctl stop firewalld

# systemctl disable iptables
# systemctl stop iptables
# systemctl disable ip6tables
# systemctl stop ip6tables
```

A.1.4 Configuramos acceso ssh

Para la comunicación entre todos los nodos del cluster y para facilitarnos a nosotros la administración de los mismos, deberemos crear un par de claves pública/privada

```
# ssh-keygen -t rsa -N "" -b 8191 -f ~/.ssh/id_rsa
# chmod 0600 ~/.ssh/id_rsa
```

A.2 DRBD (v8.4)

A.2.1 Instalación desde código

Si estás interesado en usar la opción de instalación de DRBD desde repositorio, consulta la práctica 2 (DRBD).

Si queremos instalar desde código las herramientas drbd las podemos descargar de http://oss.linbit.com/drbd/

La versión de las herramientas debe coincidir con la del módulo DRBD del kernel. Podremos comprobar que versiones son las correctas en http://www.drbd.org/download/mainline/

Podemos descargar la versión deseada del kernel de linux desde www.kernel.org

en /usr/src/kernels

```
# wget https://www.kernel.org/pub/linux/kernel/v3.x/linux-3.10.48.tar.xz
```

Descomprimir el kernel con

```
# tar -xvJf linux-3.10.48.tar.xz
```

Para compilar el kernel debemos tener instaladas las herramientas de desarrollo.

```
# yum install gcc ncurses-devel flex
```

Para asegurarnos que el kernel que vamos a compilar funcione sin problemas en nuestra máquina, podemos usar la configuración actual del kernel que esta en ejecución. Para ello, veremos cual es la versión del kernel que tenemos en ejecución y copiaremos la configuración del mismo al directorio del código.

```
# uname -a
# cp /boot/config-3.10.0-123.4.2.el7.x86_64 .config
```

Editaremos la configuración del kernel

```
# make menuconfig
```

Y comprobaremos que los módulos del drbd y gfs2 están habilitados. También gfs2 porque se trata del sistema de ficheros que tenemos previsto utilizar a lo largo de estas prácticas.

```
Device Drivers - ->
        Block devices
                <M>DRBD Distributed Replicated Block Device support

File systems - ->
        <M>GFS2 file system support
            [*] GFS2 DLM locking
```

Para compilar el kernel e instalarlo ejecutaremos los siguientes comandos

```
# make
# make modules_install
# make install
```

A continuación modificaremos grub para que inicie con el nuevo kernel. Le indicamos que arranque con la opción del menú 0 por defecto, que es la última entrada creada al hacer el make install

```
# grub2-set-default 0
```

Otra alternativa es indicarle a grub el kernel con el que iniciar, usando la descripción con la que se identifica (etiqueta *menuentry* del archivo /boot/grub2/grub.conf).

```
# grub2-set-default "CentOS Linux (3.10.48) 7 (Core)"
```

Podemos ver las diferentes entradas del menú en /boot/grub2/grub.cfg

En el siguiente paso debemos descargar las utilidades del drbd correspondientes a la versión del kernel que hemos compilado desde `http://oss.linbit.com/drbd/`, compilarlas e instalarlas.

Recuerda que la correspondencia entre versiones del kernel y utilidades la podemos encontrar en el siguiente enlace. http://www.drbd.org/download/mainline/

```
# wget http://oss.linbit.com/drbd/8.4/drbd-8.4.3.tar.gz
# tar -xvzf drbd-8.4.3.tar.gz

# ./configure
# make
# make install
```

Si queremos instalar la documentación de drbd

```
# make doc
```

A.2.2 Crear partición

Siempre es interesante, pero más si vamos a usar máquinas virtuales, alinear los bloques del disco cuando creemos las particiones para un óptimo funcionamiento. Para ello, si usamos parted, podemos usar la opción "-a optimal"

Si vamos a usar cLVM para crear los volúmenes lógicos (particiones) sobre los que trabajaremos, el alineamiento lo gestiona por si solo LVM, aunque no esta nunca de más realizarlo en este punto.

```
# parted -a optimal /dev/sda

# print free
```

```
Model: ATA ST500DM002-1BD14 (scsi)
Disk /dev/sda: 500GB
Sector size (logical/physical): 512B/4096B
Partition Table: msdos


Numero  Inicio   Fin      Tamaño   Tipo         Sistema de ficheros  Banderas
        32,3kB   1049kB   1016kB   Free Space
1       1049kB   64,4GB   64,4GB   primary      ext4                 arranque
2       64,4GB   118GB    53,7GB   primary      ext4
3       118GB    127GB    8590MB   primary      linux-swap(v1)
        127GB    500GB    373GB    Free Space
```

En nuestro caso, vamos a crear una partición de unos 50GB que será suficiente para las pruebas que deseamos realizar.

```
# mkpart primary 127GB 176GB
```

Alineamos la partición que acabamos de crear (4)

```
# align-check opt 4
```

Salimos de parted y en caso de estar usando el mismo disco donde tenemos el sistema, deberemos reiniciar para que se apliquen los cambios realizados.

A.2.3 Configuración

Si hemos instalado desde repositorio, los archivos de configuración de drbd estarán situados en /etc/drbd.conf y /etc/drbd.d/*

Si hemos instalado desde código los archivos de configuración estarán en /usr/local/etc/drbd.conf y /usr/local/etc/drbd.d/*

En este segundo caso deberemos crear enlaces a estos archivos en /etc

```
# ln -s /usr/local/etc/drbd.conf /etc/drbd.conf
# ln -s /usr/local/etc/drbd.d /etc/drbd.d
```

IMPORTANTE: Lo mismo nos ocurre con el directorio /usr/lib/drbd, que se encuentra en /usr/local/lib/drbd si instalamos desde código, por lo que deberemos tenerlo en cuenta a la hora de usar los scripts que se encuentran en uno u otro directorio.

Podemos encontrar la explicación detallada de cada unos de estos parámetros y muchos más en el apéndice C y en `http://www.drbd.org/users-guide/re-drbdconf.html`

global_common.conf

```
# En este archivo se establecen los parámetros de configuración comunes
# a todos los recursos
# DRBD del sistema
global {
        # envía estadísticas anónimas de uso a DRBD para contabilizar
        # el número de hosts que lo están ejecutando. Estas estadísticas
        # se pueden ver en http://usage.drbd.org
        # Acepta 3 valores, yes, no y ask (por defecto).
        usage-count no;
}
```

```
common {
    # protocol define el tipo de sincronización que vamos a usar.
    # Asíncrona/Síncrona
    # Acepta 3 valores.
    #   A: Se considera que la escritura esta realizada cuando
    # el dato se ha escrito en el disco local y se ha puesto en el
    # buffer de envío TCP/IP
    #   B: Se considera que la escritura esta realizada cuando
    # el dato se ha escrito en el disco local y el resto de nodos
    # han reconocido que han recibido la petición de escritura
    #   C: Se considera que la escritura esta realizada cuando
    # se ha realizado en los dos nodos
    protocol C;

    handlers {
        # Comando a ejecutar si el nodo es primario y ni el
        # dispositivo local ni el de otro nodo esta actualizado.
        pri-on-incon-degr     "/usr/local/lib/drbd/notify-pri-on-incon-degr.sh; /usr/local/lib/drbd/notify-emergency-reboot.sh; echo b >/proc/sysrq-trigger ; reboot -f";
        # Comando a ejecutar cuando el nodo local es primario,
        # pero no se ha recuperado del procedimiento de
        # after-split-brain. Por lo tanto debe ser abandonado
        pri-lost-after-sb     "/usr/local/lib/drbd/notify-pri-lost-after-sb.sh; /usr/local/lib/drbd/notify-emergency-reboot.sh; echo b >/proc/sysrq-trigger ; reboot -f";
        # Comando a ejecutar cuando se produce un error de IO en
        # el dispositivo local
        local-io-error        "/usr/local/lib/drbd/notify-io-error.sh; /usr/local/lib/drbd/notify-emergency-shutdown.sh; echo o >/proc/sysrq-trigger ; halt -f";

        # Comando a ejecutar cuando se detecta un split-brain
        # que no se puede gestionar automáticamente. Notificación
        # en caso de split brain
        split-brain           "/usr/local/lib/drbd/notify-split-brain.sh root@localhost";

        # Comando a ejecutarse cuando un nodo debe cercar
        # a otro.
        # Se usará la misma linea de datos que usa DRBD
        fence-peer "/usr/local/lib/drbd/crm-fence-peer.sh";
```

```
        # Comando que se ejecutará cuando termine la sincronización
        # de los nodos y el estado pase de Inconsistent a Consistent
        # Por ejemplo puede ser usado para eliminar el snapshot creado
        # en before-resync-target unsnapshot-resync-target-lvm.sh
        after-resync-target "/usr/local/lib/drbd/crm-unfence-peer.sh";
}

startup {
        # tiempo, en segundos, de espera hasta que el otro nodo se
        # conecte durante el arranque.
        wfc-timeout 300;

        # tiempo de espera hasta que el otro nodo se conecte
        # durante el arranque en el caso que en el último
        # apagado solo estuviese un nodo.
        degr-wfc-timeout 120;
}
disk {
        # Acción a tomar en caso de que los dos nodos se queden
        # configurados como primarios desconectados. Puede tener 3 valores.
        #    dont-care: No tomar ninguna acción. Valor por defecto
        #    resource-only: Trata de cercar el otro nodo mediante
        # la llamada definida en fence-peer
        #    resource-and-stonith: Se congelan todas las operaciones
        # de IO y se llama a fence-peer. En el caso de no poder cercar el
        # nodo, se intentará a través de STONITH cuando esté resuelto el
        # conflicto se reanudan las operaciones de IO
        fencing resource-and-stonith;

        # Define como se debe comportar DRBD ante un error de
        # IO en el dispositivo local
        # Admite los siguientes valores:
        #    pass_on: cambia el dispositivo a estado inconsistente
        #    call-local-io-error: llama al manejador local-io-error
        #    detach: Desconecta el disco local con error y continua
        # en modo sin discos.
        on-io-error detach;
}
```

```
        syncer {
                # Se trata del ancho de banda usado para la sincronización
                # entre los nodos para conexiones compartidas se suele calcular
                # en base al 33 % de la misma.
                # A partir de la versión 8.3.9 se calcula dinámicamente.
                # rate 110M;
                # Existen unos valores que pueden definir como se debe comportar
                # la sincronización
                # c-delay-target delay_target, c-fill-target fill_target,
                # c-max-rate max_rate, c-plan-ahead plan_time
        }
}
```

discodatos.res

```
# En los archivos *.res vamos a definir los recurso DRBD
resource datos {
        # nombre del dispositivo
        device /dev/drbd0;
        # indicamos la localización de los metadatos.
        # Como posibles valores admite internal y el dispositivo
        # donde se van a almacenar los metadatos.

        meta-disk internal;

        startup {
                # Indicamos que vamos a poner los dos nodos en
                # primario al arrancar. En nuestro caso será
                # Pacemaker quien se encargue de esto.
                # become-primary-on both;
        }

        net {
                # Indica al sistema que va a permitir el que los
                # dos nodos sean primarios a la vez.
                allow-two-primaries;
                # definimos las políticas de recuperación automática
                # en caso de split-brain
                after-sb-0pri discard-zero-changes;
                # after-sb-1pri discard-secondary;
                after-sb-1pri consensus;
                after-sb-2pri disconnect;
```

```
            # Tunning: Auto-Ajuste del buffer de envío.
            # sndbuf-size 0;

            # Tunning: Opciones que afectan al rendimiento de
            # escritura en el nodo secundario.
            # Para controladoras RAID de alto rendimiento suelen
            # servir estos valores.
            # max-buffers 8000;
            # max-epoch-size 8000;
            # max-buffers 16000;
            # max-epoch-size 16000;
            # Tunning: Parámetro de optimización muy dependiente
            # del hardware
            # unplug-watermark 16;
            # unplug-watermark 16000;
    }

    disk {
            # Tunning: estas configuraciones son para
            # optimizar/tunear el rendimiento de DRBD y
            # solo deben realizarse en sistemas donde las
            # controladoras de disco disponen de batería de
            # respaldo para la caché.
            # no-disk-barrier;
            # no-disk-flushes;
    }

    syncer {
            # Tunning: Configurar en caso de que usemos sistemas con
            # escritura intensiva
            # al-extents 3389;
    }

            # definimos las ip's, puerto de acceso y los discos en
            # cada uno de los nodos.
    on nodo01 {
            address    192.168.26.1:7788;
            disk    /dev/sda4;
    }

    on nodo02 {
            address    192.168.26.2:7788;
            disk    /dev/sda4;
    }
}
```

para validar toda la configuración

```
# drbdadm dump
```

A.2.4 Inicializar los discos

Cargar el módulo y crear el dispositivo

```
# modprobe drbd
# drbdadm create-md datos
```

A continuación agregamos el disco

```
# drbdadm up datos
```

En este momento el estado de conexión es *cs:WFConnection* el rol, *ro:Secondary* y el estado del disco *ds:Inconsistent*.

Activamos los datos de este nodo como buenos e iniciamos el disco como primario.

```
# drbdadm primary - -force datos
```

Deshabilitamos drbd.

```
# drbdadm down datos
# rmmod drbd
```

En todo momento podemos usar cualquiera de los siguientes comandos para ver el estado.

```
# watch cat /proc/drbd
# drbd-overview
```

A.3 Virtualización

A.3.1 Instalar

```
# yum install libvirt qemu-kvm bridge-utils
```

Deshabilitamos libvirtd del arranque del sistema. Hay que recordar que todos los servicios que queramos gestionar desde el Pacemaker debemos deshabilitarlos del arranque del sistema para que sea el propio Pacemaker quien gestione su arranque/parada.

```
# systemctl disable libvirtd
```

A.3.2 Configurar los Bridge para el acceso desde las MV's

Crear /etc/sysconfig/network-scripts/ifcfg-br1 indicando en cada caso su IP, DNS, ...

```
DEVICE=br1
TYPE=Bridge
BOOTPROTO=none
ONBOOT=yes
IPADDR=172.16.0.1
NETMASK=255.240.0.0
GATEWAY=172.16.0.250
DNS1=172.16.0.100
DEFROUTE=yes
IPV4_FAILURE_FATAL=no
NAME=br1
IPV6INIT=yes
IPV6_AUTOCONF=yes
IPV6_DEFROUTE=yes
IPV6_FAILURE_FATAL=no
PEERDNS=yes
PEERROUTES=yes
IPV6_PEERDNS=yes
IPV6_PEERROUTES=yes
```

IMPORTANTE: A partir de la versión 1.0.0-14 de NetworkManager, si ponemos el valor NM_CONTROLLED="no" los puentes de red que definamos no funcionarán correctamente. Podremos detectar que están fallando por que perdemos la conexión de red y porque al hacer un ifconfig veremos que la dirección MAC asignada al Bridge no coincide con la del interface físico al que está asignado.

Y modificar el archivo de configuración del interface de red de servicio /etc/sysconfig/network-scripts/ifcfg-enp3s0 dejándolo como se indica a continuación.

```
BRIDGE=br1
TYPE=Ethernet
NAME=enp3s0
ONBOOT=yes
DEVICE=enp3s0
```

```
# systemctl restart network
```

Si no quisiésemos usar NAT en las máquinas cliente, deshabilitaríamos el bridge "qemu" por defecto. Tenemos que iniciar libvirtd antes de eliminar la red default.

```
# cat /dev/null >/etc/libvirt/qemu/networks/default.xml

# systemctl start libvirtd

# virsh net-destroy default
# virsh net-autostart default --disable
# virsh net-undefine default
```

A.4 Pacemaker

Tenemos tres formas de usar Pacemaker: Redundancia Activa/Pasiva, Activa/Activa y N-to-N (16 nodos hasta RHEL 6.5 y 128 a partir de RHEL 7).

En nuestro caso, vamos a configurar un sistema con dos nodos en Activo/Activo que nos permitirá disponer de Alta Disponibilidad de nuestros servicios, pudiendo migrar los servicios de un nodo al siguiente si falla el primero y de balanceo de carga mientras tenemos los dos nodos funcionando.

A.4.1 Instalar y Configurar

Vamos a tener que instalar y configurar Pacemaker.

```
# yum install corosync pacemaker pcs dlm dlm-lib fence-agents-all
```

Una vez instalado Pacemaker habilitaremos el servicio pcsd y nos aseguraremos que se inicie cada vez que arranque el sistema.

```
# systemctl start pcsd.service
# systemctl enable pcsd.service
```

Vamos a necesitar poner un password al usuario hacluster dado que va a ser usado por el servicio pcs para comunicarse con los otros nodos.

```
# echo nuevo_passwd | passwd --stdin hacluster
```

Para inicializar el cluster ejecutaremos

```
# pcs cluster auth nodo01 -u hacluster
```

A continuación, en un solo nodo, para inicializar la comunicación entre los miembros del cluster

```
# pcs cluster setup --name kuster-test nodo01
```

Al ejecutar este comando se creara el archivo de configuración /etc/corosync/corosync.conf en todos los nodos. Este archivo debe ser el mismo en todos los nodos, en caso de no crearse en algún nodo por cualquier motivo deberá copiarse a mano.

```
totem {
      version: 2
      secauth: off
      cluster_name: kuster-test
      transport: udpu
}

nodelist {
      node {
            ring0_addr: nodo01
            nodeid: 1
      }
}

quorum {
      provider: corosync_votequorum
}

logging {
      to_syslog: yes
}
```

Editaremos el archivo y lo personalizaremos con algunos cambios

```
totem {
      version: 2
      cluster_name: kuster-test

      # Deshabilitamos encriptación (obsoleto, se sustituye por
      # crypto_cipher y crypto_hash)
      # por defecto on
      # secauth: off
      # Encriptación de la comunicación entre los nodos
      # Valores posibles: none (no authentication), md5, sha1,
      # sha256, sha384 and sha512.
      # Valor por defecto sha1
      crypto_cipher: aes256
```

```
        # Valores posibles none (no encryption), aes256, aes192, aes128 and 3des.
        # Valor por defecto aes256
        # Si se habilita crypto_hash hay que habilitar crypto_cipher.
        crypto_hash: sha512
}

# Configuramos los dos nodos
nodelist {
        node {
                ring0_addr: nodo01
                nodeid: 1
        }
}

quorum {
        # Actualmente solo permite el valor corosync_votequorum
        # puedes encontrar más información con el manual "info votequorum"
        provider: corosync_votequorum
        # two_node: 1. Habilita la configuración para un cluster de
        # dos nodos (valor por defecto 0).
        two_node: 1

        # wait_for_all: 0. Indica al cluster si debe esperar a tener quorum
        # para empezar a ejecutar los
        # recursos. El valor por defecto para clusters de más de dos nodos es 0
        # (no esperar), pero si
        # habilitamos la configuración de dos nodos (two_node: 1),
        # esta opción pasa a configurarse por
        # defecto a 1 (esperar).
        wait_for_all: 0
}

# Configuramos los parámetro del log
logging {
        # Muestra el fichero y la línea del código
        # Valor por defecto off
        # fileline: off
        # Muestra el nombre de la función del código
        # Valor por defecto off
        # function_name: off
        to_stderr: no
        to_logfile: yes
```

```
        logfile: /var/log/cluster/corosync.log
        # Se ignoran si debug es on
        # posibles valores alert, crit, debug (igual que debug = on),
        # emerg, err, info, notice, warning.
        # sysfile_priority/logfile_prioryity: info
        # posibles valores daemon, local0, local1, local2, local3, local4,
        # local5, local6 y local7
        # syslog_facility: daemon
    to_syslog: no
    debug: off
    timestamp: on
    # Opciones para desarrolladores: Todos los valores anteriores se usan
    # para todos los subsistemas, pero cada uno de ellos puede configurarse
    # independientemente (subsistemas: CLM, CPG, MAIN, SERV,
    # CMAN, TOTEM, QUORUM, CONFDB, CKPT, EVT)
    # http://landley.net/kdocs/ols/2008/ols2008v1-pages-85-100.pdf
    # logger_subsys {
    # subsys: QUORUM
    # debug: on
    # logfile: /var/log/cluster/quorum.log
    # }
}
```

Hay que tener presente si usamos "logfile" de configurar logrotate para que los ficheros de logs roten y no se hagan excesivamente grandes.

```
/var/log/cluster/*.log {
    weekly
    missingok
    rotate 52
    compress
    delaycompress
    notifempty
    create 660 hacluster haclient
    sharedscripts
    copytruncate
}
```

Antes de iniciar el cluster por primera vez vamos a tener que generar el par de claves que usaran los nodos para comunicarse entre ellos.

```
# corosync-keygen
```

Una vez configurado corosync, para iniciar el cluster por primera vez, en uno de los nodos

```
# pcs cluster start
# pcs status
```

Lo primero y más importante que vamos a tener que configurar en nuestro cluster son el quorum y el fencing.

En nuestro caso, al tratarse de un cluster mínimo de dos nodos vamos a tener que deshabilitar el quorum, ya que en el caso de fallar cualquiera de los nodos, se perdería el quorum y se pararían todos los servicios.

Para ver las propiedades configuradas en nuestro cluster

```
# pcs property
```

Para deshabilitar el quorum

```
# pcs property set no-quorum-policy=ignore
```

En segundo lugar y no por ello menos importante vamos a tener que configurar el fencing (cercado) de nuestro sistema.

El subsistema de fencing de Pacemaker permite a las demás partes de la pila saber si un nodo ha sido cercado con éxito, evitando así que sea cercado otra vez cuando otros subsistemas noten que el nodo ha fallado.

A.4.2 Configurar STONITH

STONITH es un acrónimo de Shoot-The-Other-Node-In-The-Head y se encarga de proteger los datos de una posible corrupción si son modificados desde diferentes nodos al mismo tiempo.

IMPORTANTE: Si no se configura bien este apartado y no sabemos lo que estamos haciendo en este punto mejor, que NO sigamos adelante hasta que comprendamos esto, lo tengamos perfectamente configurado y probado. Ya que una mala configuración de este dispositivo puede bloquearnos todo el cluster y en el peor de las casos hacer que los datos se corrompan.

Para visualizar los dispositivos de fencing configurados en el cluster

```
# pcs stonith show
```

Ejemplo de como definir un dispositivo de fencing en el cluster.

```
# pcs cluster cib stonith_cfg
# pcs -f stonith_cfg stonith create impi-fencing fence_ipmilan \
    pcmk_host_list="pcmk-1 pcmk-2" ipaddr=10.0.0.1 login=testuser \
    passwd=acd123 op monitor interval=60s
# pcs -f stonith_cfg stonith
# pcs -f stonith_cfg property set stonith-enabled=true
# pcs -f stonith_cfg property
# pcs cluster cib-push stonith_cfg
```

O podríamos definir dos dispositivos diferentes de la siguiente manera.

```
# pcs cluster cib stonith_cfg
# pcs -f stonith_cfg stonith create fence_n01_ipmi fence_ipmilan \
    pcmk_host_list="node01"ipaddr="node01.ipmi" action="reboot" \
    login="admin" passwd="secret" op monitor interval=60s
# pcs -f stonith_cfg stonith create fence_n02_ipmi fence_ipmilan \
    pcmk_host_list="node02" ipaddr="node02.ipmi" action="reboot" \
    login="admin" passwd="secret" op monitor interval=60s
# pcs -f stonith_cfg stonith
# pcs -f stonith_cfg property set stonith-enabled=true
# pcs -f stonith_cfg property
# pcs cluster cib-push stonith_cfg
```

Finalmente, para comprobar si se está ejecutando correctamente.

```
# pcs status
```

NOTA: Los dispositivos configurados para cada uno de los nodos deberían ejecutarse en el nodo opuesto. Por ejemplo; si lo que queremos es cercar el nodo01, el dispositivo stonith debería estar configurado para que se ejecutase solamente en el nodo02 ya que un nodo no se mata a si mismo.

Para ello haremos uso de "Location Constraints (restricciones de posicionamiento)" que explicaremos en el siguiente capítulo.

```
# pcs constraint location fence_n01_ipmi prefers node02=INFINITY
# pcs constraint location fence_n01_ipmi prefers node01=-INFINITY
# pcs constraint location fence_n02_ipmi prefers node01=INFINITY
# pcs constraint location fence_n02_ipmi prefers node02=-INFINITY
```

A.4.3 Deshabilitando STONITH

IMPORTANTE: Esto sólo lo deberíamos hacer en entornos de pruebas, NUNCA en producción.

Si no vamos a usar STONITH (entre otras cosas porque nuestro hardware no lo soporta)

```
# pcs property set stonith-enabled=false
```

A.5 Configurar recursos del Cluster

> **IMPORTANTE**: Tres reglas básicas a la hora de actualizar la configuración del cluster.
> 1.- Nunca editaremos el archivo cib.xml manualmente.
> 2.- Leer de nuevo la regla número 1
> 3.- El cluster se dará cuenta si has ignorado las reglas 1 & 2 y rechazará los cambios realizados.

Si queremos usar nuestro editor de texto favorito para editar la configuración de Pacemaker. Deberemos declarar el editor de texto a usar en la consolas

```
# declare -x EDITOR="/bin/nano"
```

A continuación, para editar la configuración

```
# pcs cluster edit
```

Para configurar los recursos del cluster es recomendable volcar primero la configuración en un fichero y si no da ningún error al finalizar los cambios, actualizar el cib. Para ello podemos usar los siguientes comandos

```
# pcs cluster cib archivo_cfg
# ...
# pcs cluster cib-push archivo_cfg
```

A.5.1 Instalar y configurar GFS2

Antes de empezar a definir los recursos del cluster deberemos habilitar un espacio de disco donde colocaremos los archivos e imágenes que vamos a necesitar. Para ello realizaremos los siguientes pasos:

- Configurar y formatear el espació a compartir con GFS2.
- Añadir el almacenamiento al cluster.

El siguiente paso será **instalar GFS2**

```
# yum install gfs2-utils
```

Y formatear el disco. Para ello primero deberemos habilitar DRBD.

```
# modprobe drbd
# drbdadm up datos
# drbdadm primary datos
```

```
# mkfs.gfs2 -p lock_dlm -j 2 -t kuster-test:datos /dev/drbd0
```

En primer lugar usamos el parámetro -p para especificar que queremos usar el DLM del kernel.

-j para indicar que deberíamos reservar suficiente espacio para 2 journals (uno por nodo que va a acceder al sistema de ficheros)

-t para especificar el nombre de la tabla de bloqueos.

Posteriormente podremos montar la partición. En ambos nodos

```
# mkdir /home/datos

# systemctl start dlm

# mount /dev/drbd0 /home/datos

# umount /home/datos
```

A.5.2 Configurar recurso DRBD

Mientras en una consola vamos ejecutando los siguientes comandos para crear los recursos del cluster, en otra podemos ejecutar crm_mon para ir visualizando los cambios en el cluster.

```
# pcs cluster cib drbd_cfg
# pcs -f drbd_cfg resource create drbd_datos ocf:linbit:drbd \
      drbd_resource=datos op monitor interval=60s
# pcs -f drbd_cfg resource master drbd_datos-clone drbd_datos \
      master-max=2 master-node-max=1 \
      clone-max=2 clone-node-max=1 notify=true
# pcs cluster cib-push drbd_cfg
```

Hay que esperar unos instantes hasta que el sistema promocione a ambos nodos como master. Inicialmente solamente uno lo pone como master.

A.5.3 Configurar DLM

```
# pcs cluster cib dlm_cfg
# pcs -f dlm_cfg resource create dlm ocf:pacemaker:controld op monitor \
     interval=60s
# pcs -f dlm_cfg resource clone dlm clone-max=2 clone-node-max=1
# pcs cluster cib-push dlm_cfg
```

A.5.4 Configurar el sistema de ficheros

```
# pcs cluster cib fs_cfg
# pcs -f fs_cfg resource create sharedFS Filesystem \
     device="/dev/drbd0" \
     directory="/home/datos" fstype="gfs2"
# pcs -f fs_cfg resource clone sharedFS clone-max=2 clone-node-max=1
# pcs cluster cib-push fs_cfg
```

A.5.5 Configurar las restricciones

En nuestro caso, vamos a definir las siguientes restricciones

```
# pcs cluster cib restricciones_cfg
# pcs -f restricciones_cfg constraint order start dlm-clone \
     then promote drbd_datos-clone
# pcs -f restricciones_cfg constraint order promote drbd_datos-clone \
     then start sharedFS-clone kind=Serialize

# pcs -f restricciones_cfg constraint colocation add master \
     drbd_datos-clone with dlm-clone
# pcs -f restricciones_cfg constraint colocation add sharedFS-clone with \
     master drbd_datos-clone

# pcs cluster cib-push restricciones_cfg

# pcs constraint show
```

A.5.6 Configurar libvirtd

```
# pcs cluster cib libvirt_cfg
# pcs -f libvirt_cfg resource create res_libvirtd systemd:libvirtd \
    op start interval=0s timeout=15s \
    stop interval=0s timeout=15s \
    monitor interval=15s timeout=15s
# pcs -f libvirt_cfg resource clone res_libvirtd clone-max=2 notify=true
# pcs cluster cib-push libvirt_cfg
```

Si las imágenes de las máquinas virtuales las vamos a tener en nuestro disco compartido gfs2, vamos a tener que definir las restricciones necesarias para que no se ejecute libvirtd hasta que no tengamos montada la unidad compartida.

```
# pcs cluster cib restricciones_lbvd_cfg
# pcs -f restricciones_lbvd_cfg constraint order start sharedFS-clone \
    then start res_libvirtd-clone kind=Serialize
# pcs -f restricciones_lbvd_cfg constraint colocation \
    add res_libvirtd-clone sharedFS-clone
# pcs cluster cib-push restricciones_lbvd_cfg
```

A.5.7 Configurar MV's

Para poder gestionar las Mv's desde los dos nodos del cluster vamos a necesitar que las imágenes este disponibles desde ambos, por lo que deberemos de tenerlas en el disco drbd que hemos creado y configurado para tal uso.

Deberemos hacer lo mismo para los ficheros .xml que definen cada una de las Mv's. Hay que tener en cuenta que estos ficheros no deben estar NUNCA en /etc/libvirt/qemu, ya que el script VirtualDomain proporcionado en este sistema que se encarga de gestionar las Mv's, entre otras cosas, comprueba y se encargará de borrarlos si están en este directorio.

Para continuar con nuestras pruebas vamos a tener que definir como pool para nuestro sistema de virtualización el nuevo directorio compartido que hemos creado y que montamos con Pacemaker (/home/datos/images). A partir de este momento podremos crear en este directorio las nuevas Mv's que queramos, o en nuestro caso, podemos copiar a él las imágenes de las máquinas creadas en los capítulos anteriores y modificamos la ubicación de la imagen del sistema en el archivo .xml. Además configuraremos un directorio dentro del disco compartido en el cual pondremos los .xml que definen nuestras maquinas.

(Ejem.: /home/datos/xmls/ubuntu.xml)

Para finalizar configuramos la MV en Pacemaker

```
# pcs cluster cib vm1_cfg
# pcs -f vm1_cfg resource create ubuntu ocf:heartbeat:VirtualDomain \
      hypervisor="qemu:///system" config="/home/datos/xmls/ubuntu.xml" \
      migration_transport=ssh meta allow-migrate=true
# pcs cluster cib-push vm1_cfg
```

También deberíamos definirle las restricciones a nuestras máquinas para que no se intenten iniciar si no ha arrancado libvirtd primero.

```
# pcs cluster cib restricciones_mv1_cfg
# pcs -f restricciones_mv1_cfg constraint order start res_libvirtd-clone \
      then start ubuntu symmetrical=false
# pcs cluster cib-push restricciones_mv1_cfg
```

IMPORTANTE: Si NO usamos el parámetro symmetrical al configurar la restricción de orden, al apagar la máquina virtual apagará el recurso con el que se esta relacionando. El valor por defecto de esta opción es true y le indica a Pacemaker que debe parar los recursos en orden inverso al que están definidos si se para el último de ellos.

A.6 Guía Rápida de Configuración. Nodo 2

A.6.1 Nombrar nodos

Daremos nombre a nuestro nodo (sin dominio ya que será como lo definiremos más adelante para el uso del DRBD y Pacemaker)

```
# hostnamectl set-hostname nodo02 --static
```

Podemos ponerle una descripción al nodo

```
# hostnamectl set-hostname --pretty "Cluster Pruebas, Nodo 02"
```

Esta descripción se guardará en /etc/machine-info

A.6.2 Configurar interfaces de red

En los nodos de nuestro cluster deberíamos disponer de un mínimo de 2 interfaces de red. Uno para acceso a la red a la que queremos dar servicio (red de servicio). Otro para comunicar los nodos del cluster (red de gestión).

Deberemos comprobar la configuración y si no es correcta modificarla directamente en los archivos de configuración.

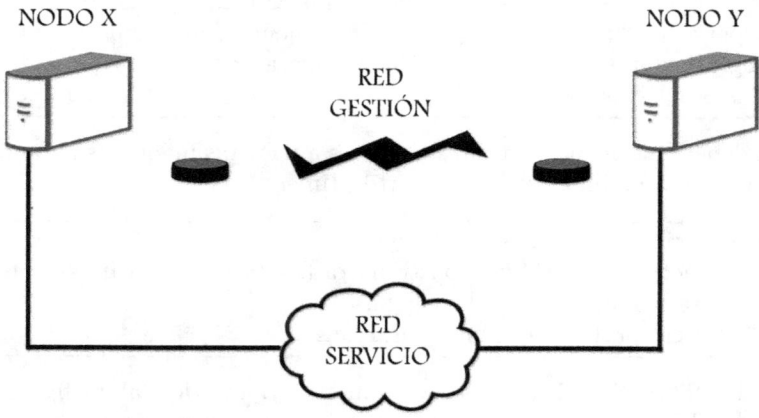

Figura A.2: Esquema conexiones de red

Para ello, nos dirigiremos al directorio /etc/sysconfig/network-scripts/ donde encontraremos todos los archivos de configuración y nos fijaremos en los siguientes parámetros:

/etc/sysconfig/network-scripts/ifcfg-enp5s0 (red de gestión)

```
enp5s0: static
192.168.26.2/24 - 255.255.255.0
no gateway, no dns
```

```
HWADDR=60:A4:4C:4F:86:F8
TYPE=Ethernet
BOOTPROTO=none
DEFROUTE=no
PEERDNS=no
PEERROUTES=no
IPV4_FAILURE_FATAL=no
IPV6INIT=no
IPV6_AUTOCONF=no
IPV6_DEFROUTE=no
IPV6_PEERDNS=no
IPV6_PEERROUTES=no
IPV6_FAILURE_FATAL=no
NAME=enp5s0
UUID=44a2476f-f1b3-4c56-999a-b64252565fe0
ONBOOT=yes
IPADDR=192.168.26.2
NETMASK=255.255.255.0
NETWORK=192.168.26.0
```

/etc/sysconfig/network-scritpts/ifcfg-enp3s0 (red de servicio)

```
enp3s0: DHCP
172.16.0.2/12 - 255.240.0.0
```

```
HWADDR="00:E0:7D:BC:35:42"
TYPE="Ethernet"
BOOTPROTO="dhcp"
DEFROUTE="yes"
PEERDNS="yes"
PEERROUTES="yes"
IPV4_FAILURE_FATAL="no"
IPV6INIT="yes"
IPV6_AUTOCONF="yes"
IPV6_DEFROUTE="yes"
IPV6_PEERDNS="yes"
IPV6_PEERROUTES="yes"
IPV6_FAILURE_FATAL="no"
NAME="enp3s0"
UUID="2a0936ee-96b2-4428-a2e0-2c75fb3d8db6"
ONBOOT="yes"
```

Reiniciamos la red para que se configure con los nuevos valores. Podemos hacerlo conectados a través de ssh sin que se corte la conexión, pero hay que asegurarse de que el interface por el que estamos conectados no cambia de configuración y/o al menos vamos a poder seguir conectados a través de él.

```
# systemctl restart network
```

Configurar el archivo /etc/hosts para que se puedan resolver los nombres cortos de los nodos contra las direcciones ip de la red de gestión.

```
192.168.26.1 nodo01
192.168.26.2 nodo02
```

Si los nombres FQDN se resuelven a través de un servidor DNS no es necesario que los añadamos.

A.6.3 Firewall y SELinux

Para que no interfieran en las pruebas que vamos a realizar durante el montaje de todo el sistema, deshabilitamos el firewall (iptables / ip6tables) y selinux

/etc/sysconfig/selinux

```
SELINUX=disabled
```

En CentOS7 tenemos dos servicios para configurar el firewall, el usado hasta ahora iptables y el nuevo firewalld. Aunque los dos finalmente terminan usando iptables para establecer las reglas de seguridad.

```
# iptables -L

# systemctl disable firewalld
# systemctl stop firewalld

# systemctl disable iptables
# systemctl stop iptables
# systemctl disable ip6tables
# systemctl stop ip6tables
```

A.6.4 Configuramos acceso ssh

Para la comunicación entre todos los nodos del cluster y para facilitarnos a nosotros la administración de los mismos, deberemos crear un par de claves pública/privada en el nodo02.

```
# ssh-keygen -t rsa -N "" -b 8191 -f ~/.ssh/id_rsa
# chmod 0600 ~/.ssh/id_rsa
```

En uno de los nodos (nodo01) copiamos la clave publica al archivo authorized_keys.

```
# cat ~/.ssh/id_rsa.pub » ~/.ssh/authorized_keys
```

En el mismo nodo anterior (nodo 1) copiar desde el nodo 2 la clave publica.

```
# ssh root@nodo02 "cat ~/.ssh/id_rsa.pub" » ~/.ssh/authorized_keys
```

Copiar el archivo authorized_keys al nodo 2 (desde el nodo 1).

```
# rsync -av ~/.ssh/authorized_keys root@nodo02:/root/.ssh/
```

Adicionalmente habría que completar el archivo /.ssh/known_hosts con la huella de todos los nodos del cluster y todos los nombres para cada uno de los nodos.

```
# ssh nodo01
# ssh nodo01.midominio.es
# ssh nodo02
# ssh nodo02.midominio.es
```

Copiar este archivo al resto de nodos

```
# rsync -av ~/.ssh/known_hosts root@nodo02:/root/.ssh/known_hosts
```

Para finalizar, si habitualmente vamos a trabajar desde otro equipo con escritorio, crearemos en este último y para el usuario que usaremos, el par de claves pública/privada y los copiaremos en el ~/.ssh/authorized_keys de cada uno de los nodos.

A.7 DRBD (v8.4)

A.7.1 Instalación desde código

Si estás interesado en usar la opción de instalación de DRBD desde repositorio, consulta la práctica 2 (DRBD).

Si queremos instalar desde código las herramientas drbd las podemos descargar de http://oss.linbit.com/drbd/

La versión de las herramientas debe coincidir con la del módulo DRBD del kernel. Podremos comprobar que versiones son las correctas en http://www.drbd.org/download/mainline/

Podemos descargar la versión deseada del kernel de linux desde www.kernel.org

en /usr/src/kernels

```
# wget https://www.kernel.org/pub/linux/kernel/v3.x/linux-3.10.48.tar.xz
```

Descomprimir el kernel con

```
# tar -xvJf linux-3.10.48.tar.xz
```

Para compilar el kernel debemos tener instaladas las herramientas de desarrollo.

```
# yum install gcc ncurses-devel flex
```

Para asegurarnos que el kernel que vamos a compilar funcione sin problemas en nuestra máquina, podemos usar la configuración actual del kernel que esta en ejecución. Para ello, veremos cual es la versión del kernel que tenemos en ejecución y copiaremos la configuración del mismo al directorio del código.

```
# uname -a
# cp /boot/config-3.10.0-123.4.2.el7.x86_64 .config
```

Editaremos la configuración del kernel

```
# make menuconfig
```

Y comprobaremos que los módulos del drbd y gfs2 están habilitados. También gfs2 porque se trata del sistema de ficheros que tenemos previsto utilizar a lo largo de estas prácticas.

```
Device Drivers --->
        Block devices
                <M>DRBD Distributed Replicated Block Device support

File systems --->
        <M>GFS2 file system support
            [*] GFS2 DLM locking
```

Para compilar el kernel e instalarlo ejecutaremos los siguientes comandos

```
# make
# make modules_install
# make install
```

A continuación modificaremos grub para que inicie con el nuevo kernel. Le indicamos que arranque con la opción del menú 0 por defecto, que es la última entrada creada al hacer el make install

```
# grub2-set-default 0
```

Podemos ver las diferentes entradas del menú en /boot/grub2/grub.cfg

En el siguiente paso debemos descargar las utilidades del drbd correspondientes a la versión del kernel que hemos compilado desde `http://oss.linbit.com/drbd/`, compilarlas e instalarlas.

Recuerda que la correspondencia entre versiones del kernel y utilidades la podemos encontrar en el siguiente enlace. http://www.drbd.org/download/mainline/

```
# wget http://oss.linbit.com/drbd/8.4/drbd-8.4.3.tar.gz
# tar -xvzf drbd-8.4.3.tar.gz

# ./configure
# make
# make install
```

Si queremos instalar la documentación de drbd

```
# make doc
```

A.7.2 Crear partición

Siempre es interesante, pero más si vamos a usar máquinas virtuales, alinear los bloques del disco cuando creemos las particiones para un óptimo funcionamiento. Para ello, si usamos parted, podemos usar la opción "-a optimal".

Si vamos a usar cLVM para crear los volúmenes lógicos (particiones) sobre los que trabajaremos, el alineamiento lo gestiona por si solo LVM, aunque no está nunca de más realizarlo en este punto.

```
# parted -a optimal /dev/sda

# print free
```
Model: ATA ST500DM002-1BD14 (scsi)
Disk /dev/sda: 500GB
Sector size (logical/physical): 512B/4096B
Partition Table: msdos

Número	Inicio	Fin	Tamaño	Tipo	Sistema de ficheros	Banderas
	32,3kB	1049kB	1016kB	Free Space		
1	1049kB	64,4GB	64,4GB	primary	ext4	arranque
2	64,4GB	118GB	53,7GB	primary	ext4	
3	118GB	127GB	8590MB	primary	linux-swap(v1)	
	127GB	500GB	373GB	Free Space		

En nuestro caso, vamos a crear una partición de unos 50GB que será suficiente para las pruebas que deseamos realizar.

```
# mkpart primary 127GB 176GB
```

Alineamos la partición que acabamos de crear (4)

```
# align-check opt 4
```

Salimos de parted y en caso de estar usando el mismo disco donde tenemos el sistema, deberemos reiniciar para que se apliquen los cambios realizados.

A.7.3 Configuración

Si hemos instalado desde repositorio, los archivos de configuración de drbd estarán situados en /etc/drbd.conf y /etc/drbd.d/*

Si hemos instalado desde código los archivos de configuración estarán en /usr/local/etc/drbd.conf y /usr/local/etc/drbd.d/*

En este segundo caso deberemos crear enlaces a estos archivos en /etc

```
# ln -s /usr/local/etc/drbd.conf /etc/drbd.conf
# ln -s /usr/local/etc/drbd.d /etc/drbd.d
```

IMPORTANTE: Lo mismo nos ocurre con el directorio /usr/lib/drbd, que se encuentra en /usr/local/lib/drbd si instalamos desde código, por lo que deberemos tenerlo en cuenta a la hora de usar los scripts que se encuentran en uno u otro directorio.

Podemos encontrar la explicación detallada de cada unos de estos parámetros y muchos más en el capítulo "Nuestra selección de componentes" y en `http://www.drbd.org/users-guide/re-drbdconf.html`

Copiamos la configuración de DRBD desde el nodo 1 al 2 ya que debe ser la misma en los dos nodos.

```
# scp /etc/drbd.d/* nodo02:/etc/drbd.d/
```

Para validar toda la configuración.

```
# drbdadm dump
```

A.7.4 Inicializar los discos

Cargar el módulo y crear el dispositivo.

```
# modprobe drbd
# drbdadm create-md datos
```

A continuación agregamos el disco.

```
# drbdadm up datos
```

En este momento debe comenzar la sincronización, el estado de conexión que nos mostrará el sistema será *cs:SyncSource* el rol, *ro:Primary/Secondary* y el estado del disco *ds:UptoDate/Inconsistent*.

Si no comenzase la sincronización automáticamente deberíamos ejecutar un *drbdadm connect datos* en ambos nodos y ver si así comienza la sincronización. De no ser así, tras revisar a fondo la configuración del recurso y la global de DRBD, podemos forzar al sistema a elegir cual es la partición con los datos buenos, pero con sumo cuidado ya que podríamos llegar a cargarnos todos los datos que contiene el nodo "bueno". Para ello, si estamos inicializando los discos por primera vez y no tenemos datos en ninguno de ellos, es indiferente donde ejecutemos el siguiente comando. Si por el contrario, queremos conservar los datos de alguno de los nodos, deberemos ir con mucho cuidado en estos pasos ya que podemos cargarnos los datos con mucha facilidad.

```
# drbdadm primary --force datos
```

Deshabilitamos drbd.

```
# drbdadm down datos
# rmmod drbd
```

En todo momento podemos usar cualquiera de los siguientes comandos para ver el estado.

```
# watch cat /proc/drbd
# drbd-overview
```

A.8 Virtualización

A.8.1 Instalar

```
# yum install libvirt qemu-kvm bridge-utils
```

Deshabilitamos libvirtd del arranque del sistema. Hay que recordar que todos los servicios que queramos gestionar desde Pacemaker debemos deshabilitarlos del arranque del sistema para que sea el propio Pacemaker quien gestione su arranque/parada.

```
# systemctl disable libvirtd
```

A.8.2 Configurar los Bridge para el acceso desde las MV's

En ambos nodos. Crear /etc/sysconfig/network-scripts/ifcfg-br1 indicando en cada caso su IP, DNS, ...

```
DEVICE=br1
TYPE=Bridge
BOOTPROTO=none
ONBOOT=yes
IPADDR=172.16.0.2
NETMASK=255.240.0.0
GATEWAY=172.16.0.250
DNS1=172.16.0.100
DEFROUTE=yes
IPV4_FAILURE_FATAL=no
NAME=br1
IPV6INIT=yes
IPV6_AUTOCONF=yes
IPV6_DEFROUTE=yes
IPV6_FAILURE_FATAL=no
PEERDNS=yes
PEERROUTES=yes
IPV6_PEERDNS=yes
IPV6_PEERROUTES=yes
```

IMPORTANTE: A partir de la versión 1.0.0-14 de NetworkManager, si ponemos el valor NM_CONTROLLED="no" los puentes de red que definamos no funcionarán correctamente. Podremos detectar que están fallando por que perdemos la conexión de red y porque al hacer un ifconfig veremos que la dirección MAC asignada al Bridge no coincide con la del interface físico al que está asignado.

Y modificar el archivo de configuración del interface de red de servicio /etc/sysconfig/network-scripts/ifcfg-enp3s0 dejándolo como se indica a continuación.

```
BRIDGE=br1
TYPE=Ethernet
NAME=enp3s0
ONBOOT=yes
DEVICE=enp3s0
```

```
# systemctl restart network
```

Si no quisiésemos usar NAT en las máquinas cliente, deshabilitaríamos el bridge "qemu" por defecto. Tenemos que iniciar libvirtd antes de eliminar la red default.

```
# cat /dev/null >/etc/libvirt/qemu/networks/default.xml

# systemctl start libvirtd

# virsh net-destroy default
# virsh net-autostart default −−disable
# virsh net-undefine default
```

A.9 Pacemaker

A.9.1 Instalar y Configurar

Instalar

```
# yum install corosync pacemaker pcs dlm dlm-lib fence-agents-all lvm2-cluster
```

Una vez instalado Pacemaker habilitaremos el servicio pcsd y nos aseguraremos que se inicie cada vez que arranque el sistema.

```
# systemctl start pcsd.service
# systemctl enable pcsd.service
```

Vamos a necesitar poner un password al usuario hacluster dado que va a ser usado por el servicio pcs para comunicarse con los otros nodos.

```
# echo nuevo_passwd | passwd −−stdin hacluster
```

Para inicializar el cluster ejecutaremos

```
# pcs cluster auth nodo01 nodo02 -u hacluster
```

Lo siguiente será modificar el archivo /etc/corosync/corosync.conf para incluir el segundo nodo.

```
...
# Configuramos los dos nodos
nodelist {
        node {
                ring0_addr: nodo01
                nodeid: 1
        }
        node {
                ring0_addr: nodo02
                nodeid: 2
        }
}
...
```

A continuación, copiaremos los archivos corosync.conf y authkey al nodo 2.

```
# scp nodo1:/etc/corosync/corosync.conf /etc/corosync/
# scp nodo1:/etc/corosync/authkey /etc/corosync/
```

o podremos ejecutar en el nodo01 el comando pcs para que copie la configuración

```
# pcs cluster sync
```

Hay que tener presente si usamos "logfile" de configurar logrotate para que los ficheros de logs roten y no se hagan excesivamente grandes.

```
/var/log/cluster/*.log {
        weekly
        missingok
        rotate 52
        compress
        delaycompress
        notifempty
        create 660 hacluster haclient
        sharedscripts
        copytruncate
}
```

El siguiente paso será **instalar GFS2**

```
# yum install gfs2-utils
```

Una vez configurado corosync, para iniciar el cluster por primera vez en este nodo, ejecutaremos

```
# pcs cluster start
# pcs status
```

Toda la configuración de los recursos del cluster se obtendrán del nodo 1, por lo tanto deberán inicializarse todos ellos sin mayores problemas.

En este momento ya tendremos funcionando nuestro cluster de dos nodos. A partir de aquí solamente nos queda aprender a gestionar los recursos del mismo y para ello puedes consultar la práctica 6 de este manual.

Anexo B

Componentes usados en el libro

En este libro vamos a montar un cluster de alta disponibilidad, sobre el que ejecutaremos como recursos máquinas virtuales sobre las que correremos los servicios que pretendemos ofrecer. Para ello usaremos los siguientes componentes:

- **S.O.: Centos7**.

    Porque: Soporte hasta finales de junio de 2024 [22] [3].

    Ubuntu server desde la versión 12.04 ha dejado de lado el soporte a varias de las herramientas que vamos a usar. Ejem: El script Filesystem tiene un bug desde Mayo de 2012 aún sin corregir. Ubuntu se ha volcado en su sistema MAAS-JUJU [14] [11]

- **Red Hat Cluster Services**. Que contiene los siguientes componentes:

    - **Corosync**: Proporciona la comunicación entre nodos del cluster usando el protocolo totem.

    - **Resource Manager (pacemaker)**: Gestionar los recursos y servicios del cluster. Manejar la recuperación de fallos en servicios.

    - **Clustered Logical Volume Manger (clvm)**: Para gestionar las particiones de disco.

    - **Global File Systems 2 (gfs2)**: Sistema de ficheros de clusters

- **PCS**. Herramienta de gestión y configuración del cluster.

- **DLM**. Control de bloqueos distribuido.

- **Distributed Redundant Block Device (DRBD)**. Raid 1 software en red

- **KVM**. Gestión de las máquinas virtuales

Hasta esta versión (6.5) RHCS no daba soporte completo a pacemaker.

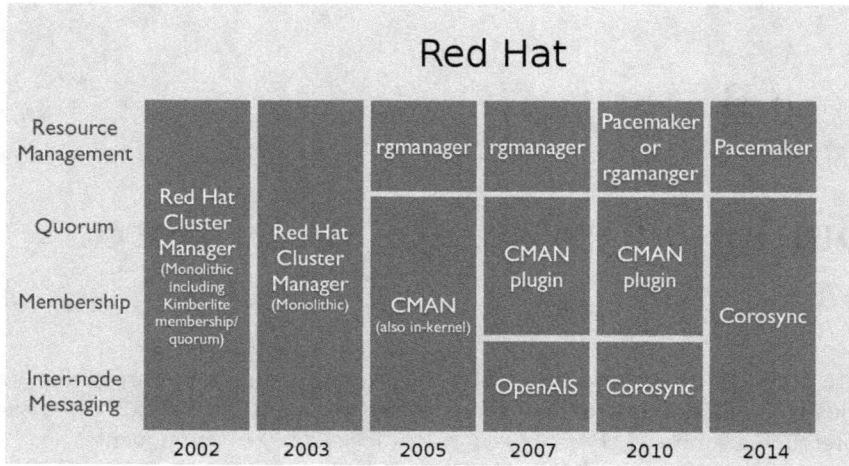

En **RHEL 7** [24] (desde el 10 de junio de 2014), rgmanager/cman desaparecen en favor de Pacemaker/Corosync que aportan los siguientes beneficios:

- Sincronización automática de la configuración. (Con cman debemos usar ricci).

- Un modelo de recursos y fencing mejor adaptado al entorno de usuario.

- Fencing puede configurarse en diferentes niveles de fallos.

- Opciones de configuración basadas en el tiempo.

- Soporta el inicio/parada de recursos ordenado.

- Posibilidad de iniciar el mismo recurso en múltiples nodos del cluster.

  Ejem: servidor web, sistema de ficheros.

- Posibilidad de iniciar el mismo recurso en múltiples nodos en modos diferentes.

  Ejem: sync source y target.

- Permite la configuración de recursos que pueden o no iniciarse simultáneamente en un nodo

- No requiere DLM. Lo gestiona el propio Pacemaker

- Comportamiento configurable cuando se pierde el quorum o se forman varias particiones

B.1 Descripción de los componentes

B.1.1 Cman (CentOS 6.5)

Actúa principalmente como componente de quorum.

En versiones nuevas de Red Hat Cluster Suite encontradas en Fedora y RHEL 7, se usa un nuevo componente de quorum y cman es eliminado.

Hasta que cman sea eliminado, este servicio se usara para iniciar/parar los servicios que necesita el cluster para funcionar.

B.1.2 Quorum

Es el mínimo de hosts/nodos que se requieren para proporcionar servicios de cluster y que se utiliza para prevenir situaciones de split-brain. El algoritmo usado en RHCS es el llamado "mayoría simple".

Cuando el cluster configura una partición con quorum, esta (fence) cercará los nodos que queden en la partición sin quorum. Cuando esto ocurra, los nodos con quorum podrán apropiarse de los servicios del cluster.

En casos como el nuestro (dos nodos), el fallo de cualquiera de los nodos podría producir que ambos nodos considerasen que tienen el quorum, por lo tanto vamos a tener que tomar medidas adicionales para solucionar este problema.

B.1.3 Fencing

IMPORTANTE: No hay que montar un cluster sin un sistema de "fencing" que funcione correctamente y que este bien probado.

Esta es una parte crítica de un cluster. Si esto no está bien configurado, el cluster fallará.

Cuando un nodo deja de responder, un timeout interno empieza a contar. Durante este periodo, NO están permitidos los bloqueos DLM. Todo lo que use DLM, incluido rgmanager, clvmd y gfs2, esta literalmente "colgado".

El nodo "colgado/silencioso" es detectado usando un totem token timeout. Si este se pierde, se lanza un nuevo token. Después de un cierto número de tokens perdidos, el cluster declara el nodo como muerto. El resto de nodos se reconfiguran en un nuevo cluster, si hay quorum (o si está desactivado) y se lance una llamada de cercado al nodo silencioso.

Esquema de funcionamiento:

- El token totem se mueve a través de los nodos del cluster.

- El token es pasado de un nodo a otro, en orden y continuamente.

- Si un nodo deja de responder:

  - Empieza el timeout (por defecto 238ms). Se van reemplazando los fallos y se van contando.

  - Si el nodo silencioso vuelve a responder dentro del tiempo límite, la cuenta se pone a 0 y se vuelve a empezar.

  - Si el contador excede el limite (por defecto 4), el nodo es declarado muerto.

  - El resto de nodos comprueban si tienen quorum.

  - Si no tienen quorum, se paran los servicios de estos nodos y se salen del cluster.

  - Si tienen quorum, declaran al nodo silencioso muerto.

    ○ Corosync intenta cercar al nodo y mientras no permite los bloqueos DLM.
    ○ Si el fence_agent consigue "derribar" al nodo silencioso, comienza la recuperación y restablece todos los accesos en los nodos del cluster.
    ○ Si todos los fence_agents fallan, se vuelve a empezar con todos los fence_agents de nuevo. Esto ocurrirá en bucle hasta que se consiga con éxito "derribar" al nodo silencioso. Mientras el cluster está literalmente colgado.

- Finalmente se recupera el funcionamiento del cluster excepto del nodo caído.

B.1.4 Corosync

[7]

Es el corazón del cluster. Todos los componentes del cluster operan a través de él.

En Red Hat 6, corosync se configura a través de /etc/cluster/cluster.conf (en ubuntu y RHEL7 /etc/corosync/corosync.conf).

Corosync envía mensajes usando mensajes multicast por defecto. Recientemente se ha añadido soporte a unicast, pero debido a la latencia de red, sólo se recomienda en pequeños clusters de 2 a 4 nodos. Nosotros vamos a usar multicast. Si se usa gfs2 es desaconsejable usar unicast.

En la versión 2 de RHCS se usaba openais como proveedor del totem. En 2008, openais se dividió en dos proyectos, openais y corosync. Corosync termino ofreciendo más funcionalidades, incluso un add-on para comunicarse con la aplicaciones que siguiesen usando el API de openais.

B.1.5 Totem

El protocolo totem define el paso de mensajes entre los diferentes nodos del cluster y es usado por corosync.

Este protocolo soporta "rrp" Redundant Ring Protocol y se pueden configurar anillos secundarios de backup en redes separadas por si el primero falla.

B.1.6 Rgmanager (CentOS 6.5)

Cuando los miembros del cluster cambian, corosync pide a rgmanager que necesita que compruebe todos los servicios, este arranca, para, migra o reconfigura los servicios según se necesite.

El servicio rgmanager se inicia separadamente del cluster manager (cman). Para un completo funcionamiento del cluster necesitamos que ambos estén iniciados.

B.1.7 Pacemaker

[19]

Es un administrador/gestor de recursos de cluster open-source. Es el sustituto de rgmanager en RHEL7.

En REHL7 Corosync y Pacemaker sustituyen por completo a cman y rgmanager.

Pacemaker existe desde 2004 y cuenta con el soporte de RedHat y Novell para su desarrollo.

Soporta prácticamente cualquier configuración de replicación.

Soporta desde escenarios simples de 2 nodos a 128 nodos activo/activo (16 nodos hasta la versión 6 de RHEL).

B.1.8 DRBD

[13]

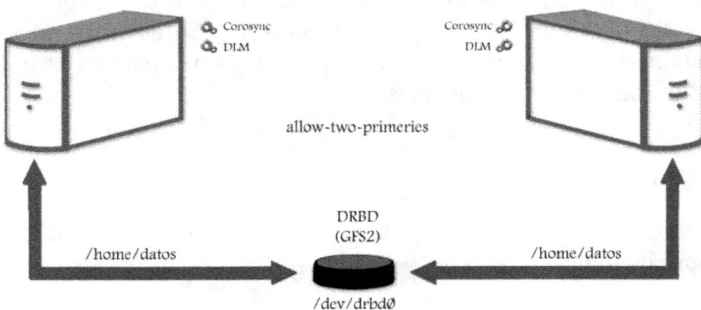

Si está en rol secundario sólo sirve como copia de lo que tiene el disco, NO se puede usar.

Si está en rol primario se puede usar como un disco o partición normal.

B.1.9 GFS2

Sistema de ficheros de cluster. Nos permitirá acceso a las particiones desde varios nodos del cluster simultáneamente. GFS2 puede ser montado sobre particiones lógicas creadas con CLVM o montado directamente sobre particiones físicas.

GFS2: Es el Sistema de Ficheros que vamos a usar. Al contrario que otros como xfs, ext4 o ntfs que sólo se pueden usar desde un solo nodo simultáneamente, gfs2 vamos a poder montarlo en varios servidores a la vez así como leer y escribir a la vez del mismo sistema de archivos.

GFS2 se usa en clusters, por lo tanto vamos a necesitar tener un cluster funcionando y el servicio dlm ejecutándose para poder acceder al sistema de ficheros.

Esto se debe a que al tratarse de un sistema accesible en lectura/escritura desde varios servidores simultáneamente, tenemos que tener un control exhaustivo vara evitar que varios servidores escriban en el mismo archivo simultáneamente y lo dañen.

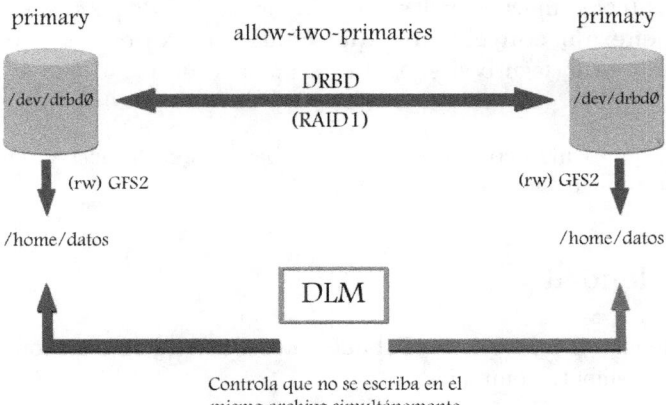

B.1.10 Clustered LVM

cLVM proporciona un sistema de particiones lógicas integrado con DLM, con lo que sólo se permite el acceso a los recursos a los miembros del cluster.

B.1.11 DLM

Uno de los mayores roles en un cluster es proporcionar bloqueos distribuidos para el almacenamiento y recursos gestionados por el mismo.

B.1.12 KVM

[12]

El sistema de virtualización open-source más popular. Se trata de un hypervisor tipo 1, lo que significa que el host anfitrión se ejecuta directamente sobre el hardware.

B.1.13 STONITH

Es un acrónimo de Shoot-The-Other-Node-In-The-Head y sirve para proteger que los datos se corrompan porque varios nodos accedan a ellos concurrentemente.

Es crucial que el dispositivo STONITH pueda permitir diferenciar al cluster entre un fallo del nodo y un fallo de la red.

El error más común es usar dispositivos STONITH basados en interruptores de energía remotos (como muchos de los controladores IMPI de las placas base) **que comparte la energía con el nodo que controlan**, ya que en estos casos el cluster no puede estar seguro si se trata de un fallo de red o que el nodo esta offline.

De igual modo que ocurre con los dispositivos basados en la actividad de la máquina física como puede ser los basados en SSH.

B.2 Complejidad

Haciendo referencia al principio de Fabimer: Los Clusters no son por si difíciles, pero son inherentemente complejos:

- Cualquier app tiene N bugs.
- Vamos a usar corosync, dlm, fenced, Pacemaker, DRBD, GFS2, clvmd, libvirtd y KVM ->posibilidad de N^{10} bugs.

- Un cluster tiene Y nodos, R redes, I interfaces, S switches, ... Gran probabilidad de fallos.

- Errores por factor humano

Hay que tener en cuenta que no podemos dominar la administración de cluster en unas pocas horas ni en pocos meses, para ello vamos a necesitar bastantes años de experiencia.

En resumidas cuentas, con un cluster aumentamos la probabilidad de que un componente cualquiera falle, pero reducimos el tiempo de recuperación en caso de fallos y por lo tanto aumentamos la disponibilidad de nuestros servicios.

Anexo C

DRBD (principales parámetros)

DRBD es un software de replicación de discos (estilo RAID1). Puede replicar discos, particiones, volúmenes lógicos, etc. entre hosts.

La replicación se realiza:

En tiempo real, mientras las aplicaciones modifican los datos del dispositivo.

Tranparentemente, las aplicaciones no necesitan saber que los datos se encuentran en diferentes hosts.

Sincrona o Asincrona, (protocol), podemos seleccionar el método de sincronización pudiendo elegir entre mejorar el rendimiento o la seguridad e integridad de los datos.

DRBD es un módulo del kernel y el administrador cuenta con una serie de herramientas para comunicarse con el mismo.

drbdadm. El comando principal. Obtiene todos los parámetros de configuración del archivo /etc/drbd.conf. Actúa como front-end para drbdsetup y drbdmeta.

drbdsetup. Configura el módulo DRBD. Permite más flexibilidad. Raramente usado.

drbdmeta. Para poder gestionar la estructura de los metadatos. Raramente usado.

C.1 Recursos y roles

En DRBD, cada recurso puede tener el rol de Primario o Secundario. Este rol no es arbitrario y nos permitirá poder usar nuestro recurso en Modo Activo o Pasivo, permitiendo el acceso a los datos o simplemente siendo una copia de los mismos que podremos promocionar en el momento que el primario falle.

C.2 Configuración

C.2.1 Metadatos

Configuración interna o externa.

Los metadatos contienen:

- el tamaño de dispositivo DRBD
- the Generation Identifier
- the Activity Log
- the quick-sync bitmap

Ventajas de los metadatos internos: No requiere acciones especiales por parte del administrador.

Desventajas: Al estar los metadatos en el mismo disco, esto puede afectar al throughput (escritura/lectura).

Ventajas de los metadatos externos: En algunos casos puede mejorar la latencia.

Desventajas: En el caso de fallo, se requiere intervención por parte del administrador para relacionar y sincronizar los datos de los discos.

Para poner los metadatos en el mismo disco hay que prever una reserva de espacio en el disco siguiendo la siguiente fórmula (aproximada).

$MMB < (CMB/32768) + 1$

La fórmula exacta es la siguiente. http://www.drbd.org/users-guide-emb/ch-internals.html#s-meta-data-size

ejem.: 128MB son suficientes para particiones de hasta 4TB.

Block device size	DRBD meta data
1 GB	2 MB
100 GB	5 MB
1 TB	33 MB
4 TB	128 MB

C.2.2 Configuración de la red

Es recomendable que la replicación no atraviese routers por razones obvias de trhoughput y latencia.

Configurar en el firewall el acceso a los puertos TCP 7788 al 7799.

Configurar correctamente o deshabilitar SELinux o AppArmor.

Nota: No es posible configurar DRBD para usar mas de una conexión TCP. Si se desea usar balanceo de carga o redundancia se debe realizar a nivel Ethernet.

C.2.3 dual-primary mode

2 nodos activos para poder usar el sistema de ficheros desde los 2 nodos simultáneamente.

C.2.4 protocol

Protocol A asíncrono. Se considera que la escritura está realizada cuando el dato se ha escrito en el disco local y se ha puesto en el buffer de envío TCP/IP.

Protocol B asíncrono. Se considera que la escritura está realizada cuando el dato se ha escrito en el disco local y el resto de nodos han reconocido que han recibido la petición de escritura.

Protocol C síncrono. Se considera que la escritura está realizada cuando se ha realizado en los dos nodos.

C.2.5 Disco Backup (three-way replication)

Se puede poner un tercer nodo en el cual se hará un backup (asíncronamente) del contenido del disco.

C.2.6 syncer

A partir de la versión 8.3.9 el ancho de banda usado en la sincronización se calcula dinámicamente y deja de usarse el parámetro rate. En versiones anteriores:

- Una buena política en conexiones compartidas es usar el 30 % del ancho de banda de la línea.

  Syncer rate ejemplo, 110MB/s effective available bandwidth

  $110 x 0,3 = 33 MB/s$

- Configuración temporal de la velocidad de sincronización:

  DRBD 8.3 # drbdsetup /dev/drbdnum syncer -r 110M

  DRBD 8.4 # drbdadm disk-options –resync-rate=110M resource

- Volver a los valores definidos en drbd.conf

  # drbdadm adjust resource

C.2.7 al-extents

Realiza automáticamente la detección de "hot area". Con este parámetro es posible controlar el tamaño que puede alcanzar el "hot area". Cada punto marca 4M de almacenamiento. En caso de que un nodo primario abandone el cluster de forma inesperada, las áreas cubiertas por el conjunto activo deben resincronizarse hasta que el nodo que ha fallado vuelva a unirse. La estructura de datos se almacena en el área de metadatos, por lo tanto, cada cambio de conjunto activo es una operación de escritura en el dispositivo de metadatos. Un mayor número de marcas da mayor tiempo de resincronización pero menos cambios en los metadatos.

C.2.8 Tuning recommendations

Para optimizar el funcionamiento del DRBD hay que realizar algo de tunning dependiendo de las características de los equipos donde se instale.

max-buffers y max-epoch-size

Estas opciones afectan al rendimiento de escritura en el nodo secundario.

El valor predeterminado para ambos es de 2048; configurarlo en torno a 8000 debe ser adecuado para la mayoría de controladores hardware RAID de alto rendimiento.

```
resource resource {
    net {
        max-buffers 8000;
        max-epoch-size 8000;
        # Buenos valores para controladoras RAID con 512MB-1GB de caché
        # max-buffers 16000;
        # max-epoch-size 16000;
        ...
    }
...
}
```

unplug watermark

No hay ajuste universal recomendado para esta opción, dado que es muy dependiente del hardware.

Mínimo (16). Para controladoras RAID con 512MB-1GB de Cache una configuración de hasta max-buffers es aconsejable.

```
resource resource {
    net {
        unplug-watermark 16;
        # unplug-watermark 16000;
        ...
    }
    ...
}
```

Tamaño de send buffer

Auto-ajuste del buffer de envío.

```
resource resource {
      net {
            sndbuf-size 0;
            ...
      }
      ...
}
```

Tamaño del Activity Log

Si la aplicación que utiliza DRBD es de escritura intensiva en el sentido de que con frecuencia realiza escrituras pequeñas distribuidas por el dispositivo, por lo general es recomendable utilizar un registro (log) de actividades bastante grande. De lo contrario, las actualizaciones de metadatos frecuentes pueden ser perjudiciales para el rendimiento de escritura.

```
resource resource {
      syncer {
            al-extents 3389;
            ...
      }
      ...
}
```

Desabilitando barriers y disk flushes

Las recomendaciones expuestas en esta sección se deben aplicar sólo a sistemas con cachés de controlador no volátiles (con batería de respaldo).

```
resource resource {
      disk {
            no-disk-barrier;
            no-disk-flushes;
            ...
      }
      ...
}
```

C.3 DRBD y Pacemaker

Si se está empleando el agente de recursos DRBD OCF, se recomienda diferir el inicio, apagado, promotion y demotion exclusivamente al agente de recursos OCF. Eso significa que debe deshabilitarse el script de inicio DRBD:

C.3.1 resource-level fencing

Agregar las siguientes líneas a su configuración de recursos:

```
resource <resource>{
    disk {
        fencing resource-only;
        ...
    }
}
```

C.4 DRBD y GFS2

No se recomienda configurar la opción allow-two-primaries a "yes" hasta la configuración inicial. Debería configurarse una vez la sincronización inicial de recursos se ha completado.

C.4.1 Políticas de recuperación automática de split-brain

Configuración de ejemplo para un recurso con sistema de ficheros GFS o OCFS2

```
resource <resource>{
    handlers {
        split-brain /usr/lib/drbd/notify-split-brain.sh root"
        ...
    }
    net {
        after-sb-0pri discard-zero-changes;
        # after-sb-1pri discard-secondary;
        after-sb-1pri consensus;
        after-sb-2pri disconnect;
        ...
    }
    ...
}
```

after-sb-0pri. Se detecta un split-brain y en ninguno de los hosts está en rol Primary

- **disconnect**: No reconecta. Simplemente llama al handler split-brain y continúa en modo desconectado.
- **discard-younger-primary**: Descartar y hacer retroceder las modificaciones realizadas en el host que asumió el papel principal.
- **discard-least-changes**: Descartar y hacer retroceder las modificaciones en el host donde se produjeron pocos cambios.
- **discard-zero-changes**: Si hay algún host en el que no se produjeron cambios en absoluto, basta con aplicar todas las modificaciones realizadas en el otro y continuar.

after-sb-1pri. Se detecta un split-brain y hay un hosts en role Primary.

- **disconnect**: Como con after-sb-0pri, simplemente invoque el script manejador split-brain handler script (si está configurado), interrumpir la conexión y continuar en modo desconectado.
- **consensus**: Aplicar las mismas políticas de recuperación como se especifica en after-sb-0pri.
- **call-pri-lost-after-sb**: Aplicar las políticas de recuperación como se especifica en el after-sb-0pri.
- **discard-secondary**: Cualquiera que sea el host estará actualmente en papel secundario.

after-sb-2pri. Se detecta un Split brain y ambos hosts están en role Primary. Esta opción acepta las mismas opciones que after-sb-1pri excepto discard-secondary y consensus.

C.5 Uso de cLVM

Mientras se esta sincronizando el DRBD, el estado SyncTarget es Inconsistent hasta que se completa la sincronización. Si en esta situación, el SyncSourcer falla, nos pone en una terrible situación. Tenemos el nodo con los datos buenos muerto y el nodo vivo tiene los datos malos.

Si usamos LVM, podemos mitigar este problema creando automáticamente un snapshot cuando la sincronización comienza y automáticamente eliminándola una vez se completa la misma.

Para habilitar este snapshot automático usaremos:

```
resource r0 {
        handlers {
            before-resync-target "/usr/lib/drbd/snapshot-resync-target-lvm.sh";
            after-resync-target "/usr/lib/drbd/unsnapshot-resync-target-lvm.sh";
        }
}
```

http://www.drbd.org/users-guide-8.4/s-lvm-snapshots.html

Anexo D

Herramientas Gráficas para gestionar Pacemaker

Para todos aquellos que prefieran configurar Pacemaker a través de una herramienta gráfica vamos a ver las diferentes opciones de las que disponemos.

D.1 PCSD

En primer lugar hablaremos de la propia herramienta web que nos ofrecen las herramientas que hemos instalado (pcsd). Para acceder a ella deberemos acceder a uno de los nodos de nuestro cluster a través de https usando el puerto 2224.

```
https://nodo01.midominio.es:2224
```

Para acceder nos pedirá usuario y contraseña. Actualmente (mediados 2015) solo admite el usuario hacluster y el password que introdujimos para el mismo en el capítulo 6.

Anexo D. Herramientas Gráficas para gestionar Pacemaker

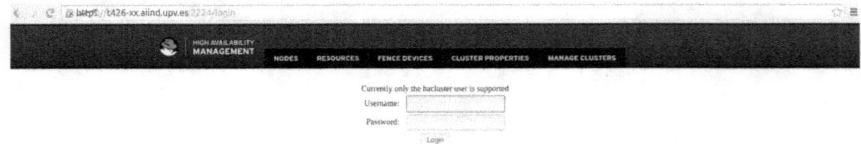

Una vez hallamos accedido, en primer lugar vamos a tener que añadir el cluster que queremos gestionar, para ello deberemos de indicar el nombre o la ip de uno de los nodos que lo componen.

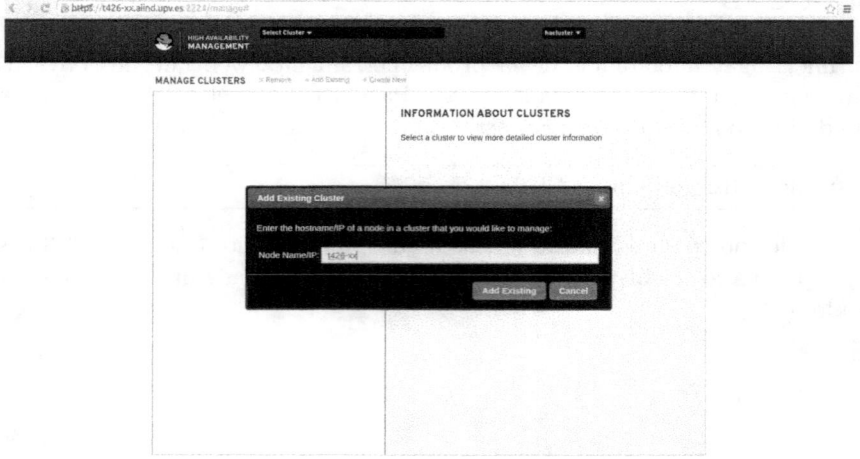

En la opción "Nodes" veremos los nodos que componen nuestro cluster y el estado de cada uno de ellos, además de poder iniciar/parar los servicios del cluster que lo componen desde el propio interface, poner o sacar un nodo de standby y configurar los dispositivos de fencing que vamos a usar.

También nos mostrará los recursos que se están ejecutando en este nodo y las restricciones que tienen.

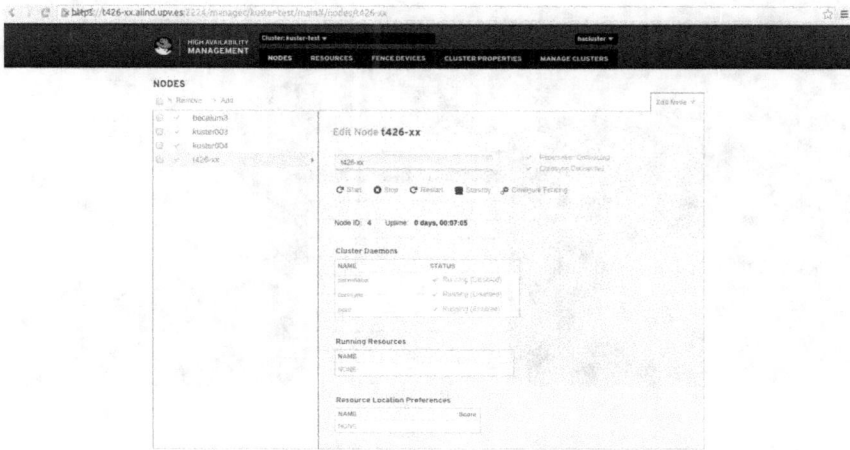

En la opción "Resources" podremos visualizar, editar, añadir, eliminar y gestionar los recursos que queramos gestionar.

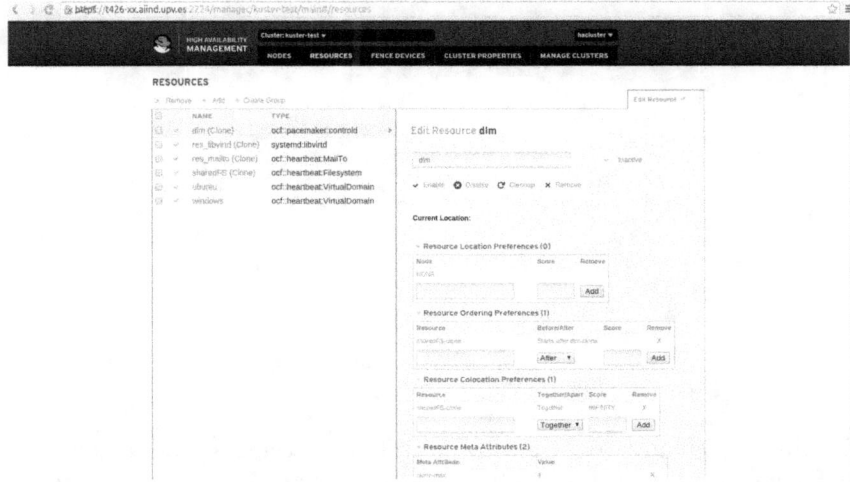

Desde la opción "Fence devices" gestionaremos los dispositivos de fencin de los que disponemos.

Anexo D. Herramientas Gráficas para gestionar Pacemaker

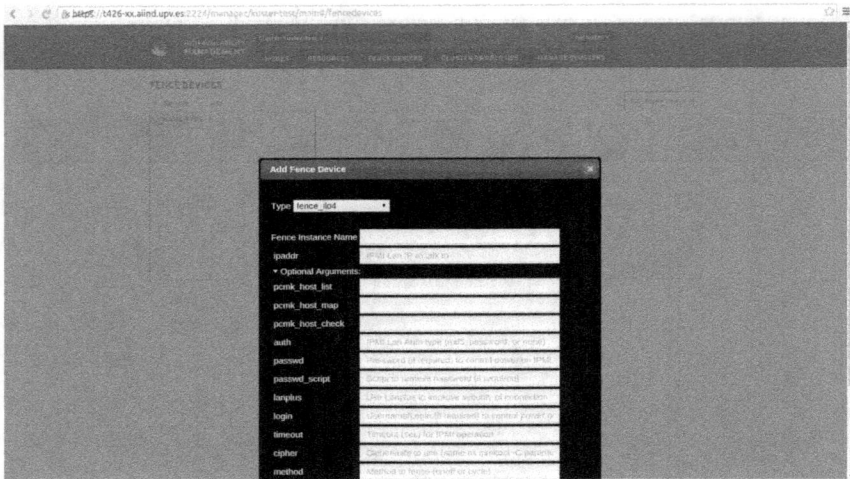

En "Cluster properties" configuraremos las opciones generales del cluster.

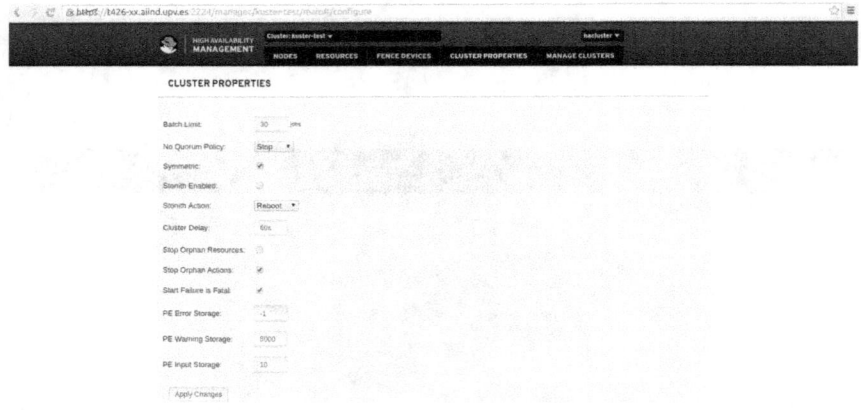

Batch Limit: (Default: 30). Número de trabajos "acciones determinadas por el *Police Engine* (PE)" que se permiten ejecutar en paralelo. El valor correcto dependerá de la velocidad y la carga de la red de gestión y de los nodos.

No Quorum Policy: (Default: stop). Determina la acción a tomar cuando el cluster pierde el quorum. Los posibles valores son:

- **ignore**: Continúa con la gestión de todos los recursos.

- **freeze**: Continúa con la gestión de todos los recursos, pero no recupera los recursos que se estaban ejecutando en la partición afectada.

- **stop**: Para todos los recursos en la partición afectada.

- **suicide**: Cerca todos los nodos de la partición afectada.

Symmetric: (Default: true). Si es simétrico se permitirá que todos los recursos puedan ejecutarse en cualquier nodo del cluster.

Stonith Enabled: (Default: true). Determina si se van a poder "ejecutar" los nodos que no respondan adecuadamente.

Stonith Action: (Default: reboot).Debemos indicar a Pacemaker la acción que debe tomar al "ejecutar" un nodo (reboot, off, poweroff "sólo admitido en algunos componente").

Cluster Delay: (Default: 60s). Retardo en las comunicaciones del cluster estimado para nuestra red. El valor correcto dependerá de la velocidad, la carga de la red de gestión y de los nodos.

Stop Orphan Resources: (Default: true). Parar un recurso cuando es borrado.

Stop Orphan Actions: (Default: true). Parar una acción cuando es borrada.

Start Failure is Fatal: (Default: true). Si al iniciar un recurso se produce un fallo, será tratado como un fallo fatal. Si es falso, el cluster usará los valores del umbral de migración (migration-threshold) y failcount del recurso.

Además podemos configurar los siguientes parámetros que nos servirán para reportar problemas. En /var/lib/pacemaker/pengine guarda todos los mensajes generados por Pacemaker para poder generar el informe, ejecutando el siguiente comando:

```
# pcs cluster report /path/fichero
```

PE Error Storage: (Default: -1 ilimitado). Número de errores almacenados.

PE Warning Storage: (Default: -1 ilimitado). Número de warning almacenados.

PE Input Storage: (Default: -1 ilimitado). Número de instrucciones/comandos almacenados.

D.2 Pygui

El GUI original de Pacemaker escrito en Python por IBM China. Obsoleto en SLES a favor de Hawk y en RedHat a favor de Pscd.

https://github.com/ClusterLabs/pacemaker-mgmt

D.3 Hawk

Es un interface web para gestionar y monitorizar Pacemaker y que forma parte de las herramientas que SUSE ofrece en su distribución. Podemos encontrar documentación sobre este interface en la propia documentación de SUSE.

https://www.suse.com/documentation/sle_ha/book_sleha/

en Configuration and Andministrarion / Configuring and Managing Cluster Resources (GUI)

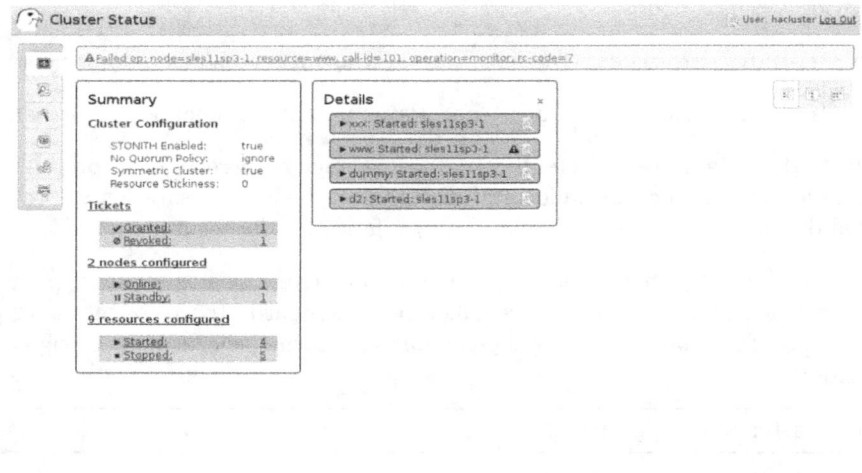

D.4 LCMC

The Linux Clusther Management Console (LCMC) en un GUI desarrollado en java que representa la situación y relaciones entre los servicios del cluster de forma gráfica y nos permite gestionarlos. LCMC utiliza SSH para conectar tu app de escritorio al cluster y poder administrarlo.

`http://lcmc.sourceforge.net/`

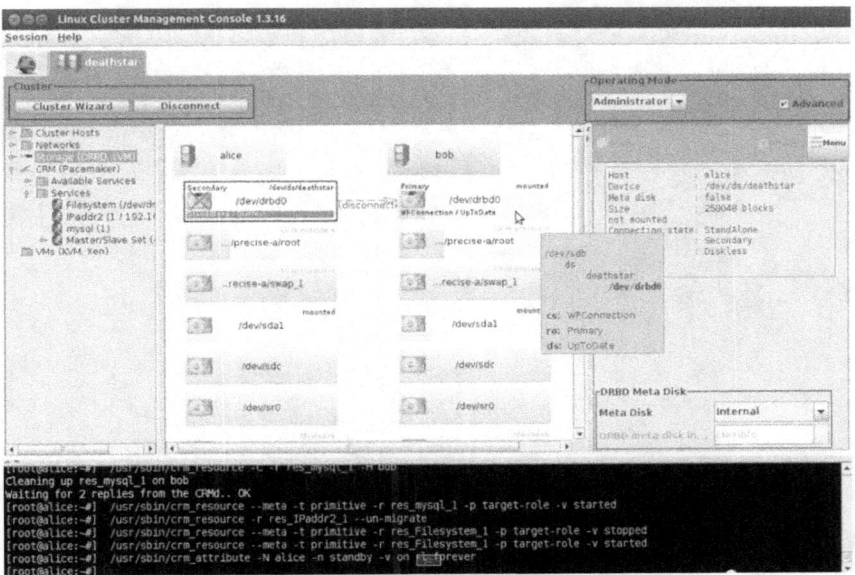

Anexo E

Configuraciones para CentOS 6.5

E.1   Configuración del Cluster (CMAN RHEL 6.5)

CMAN es un plugin de Corosync que monitoriza nombres y número de nodos activos en el cluster con el fin de ofrecer información a los clientes de membresía y quorum (se ejecuta como un servicio de Pacemaker).

En una configuración tradicional de Corosync/Pacemaler, es Pacemaker quien se encarga de estos fines. El motivo para seguir usando CMAN, es para asegurarse de que todos los elementos del cluster stack están tomando decisiones basadas en el mismo número de miembros y datos de quorum dado que CMAN forma parte de RHCS desde mucho antes que Pacemaker y muchos de estos elementos se basan en él. El hecho de no hacerlo puede dar lugar a un split-brain interno (una situación en la que diferentes partes de la pila/stack no están de acuerdo acerca de si algunos nodos están vivos o muertos), que lleva a innecesarios tiempos de inactividad y/o corrupción de datos.

No hay necesidad de configurar todos los recursos y constraints (limitaciones) en el archivo cluster.conf (cman), simplemente deberemos crear una versión mínima que enumere los nodos del cluster.

Existen varios métodos para configurar el cluster, entre los que podemos encontrar los clientes consola (ccs), GUI (system-config-cluster) y web (conga).

Básicamente lo que hay que configurar es el archivo /etc/cluster/cluster.conf

Ejemplos ccs:

```
# ccs -f /etc/cluster/cluster.conf --createcluster pacemaker1
# ccs -f /etc/cluster/cluster.conf --addnode node1
# ccs -f /etc/cluster/cluster.conf --addnode node2

# ccs -f /etc/cluster/cluster.conf --addfencedev pcmk agent=fence_pcmk
# ccs -f /etc/cluster/cluster.conf --addmethod pcmk-redirect node1
# ccs -f /etc/cluster/cluster.conf --addmethod pcmk-redirect node2
# ccs -f /etc/cluster/cluster.conf --addfenceinst pcmk node1 pcmk-redirect port=node1
# ccs -f /etc/cluster/cluster.conf --addfenceinst pcmk node2 pcmk-redirect port=node2
```

Si nos decidimos por usar Rgmanager, como cman esta escrito originalmente para rgmanager y asume que el cluster no debería arrancar nunca sin quorum. Para deshabilitar esta opción debemos cambiar el siguiente parámetro de configuración (en ambos nodos)

```
# echo "CMAN_QUORUM_TIMEOUT=0" »/etc/sysconfig/cman
```

E.2 Configurar GFS2

Si necesitamos renombrar el cluster, necesitaremos actualizar la partición GFS2 para poder montarla de nuevo.

```
# gfs2_tool sb /dev/vg_shared/lv_shared table "new_cluster_name:datos"
```

Si hemos decidido usar rgmanager deberemos añadir la entrada gfs2 a /etc/fstab en ambos nodos

```
# echo 'gfs2_tool sb /dev/vg_shared/lv_shared uuid |
awk '/uuid =/ { print $4; }' | sed -e
"s/\(.*\)/UUID=\L\1\E\/datos\t\tgfs2\tdefaults,noatime,nodiratime\t0 0/"'
»/etc/fstab
```

Usamos noatime y nodiratime para evitar que cada vez que se acceda a un directorio o fichero se modifique estos datos y evitar un exceso de escrituras en el disco.

Para montar una partición gfs2 tenemos que tener configurando y ejecutándose el cluster. Para poder acceder a la partición sin el cluster ejecutándose en la máquina debemos cambiar el lockproto de la partición.

Solo en un nodo.

```
# gfs2_tool sb /dev/drbd0 proto lock_nolock
```

Para volver a dejar la partición preparada por el cluster ejecutaremos. Sólo en un nodo.

```
# gfs2_tool sb /dev/drbd0 proto lock_dlm
```

E.3 Configuración del almacenamiento en el cluster (cman/rgmanager)

En cluster.conf, el componente rgmanager se define con el tag <rm />. Este elemento tiene 3 elementos hijos.

- Fail-Over Domains <failoverdomains />

  Aquí se definen las circunstancias en las que un servicio se podrá ejecutar en un nodo u otro del cluster. Si no se define nada, el servicio se podrá ejecutar en cualquier nodo del cluster.

- Resources <resources />

  Aquí se definen los recursos disponibles en el cluster.

- Services <service />

  Aquí se definen las acciones que se realizarán con los recursos anteriormente definidos.

E.4 Definir los recursos

```
<rm>
    <resources>
        <script file="/etc/init.d/drbd" name="drbd"/>
        <script file="/etc/init.d/clvmd" name="clvmd"/>
        <script file="/etc/init.d/gfs2" name="gfs2"/>
        <script file="/etc/init.d/libvirtd" name="libvirtd"/>
    </resources>
</rm>
```

Estos recursos harán uso de los scripts init.d para iniciar/parar. Hay otro tipo de recursos que necesitarán de unos scripts adicionales para gestionarlos.

E.5 Crear Failover Domains

Son opcionales y pueden definirse como sigue:

- Desordenados o priorizados.

    - unardered, un servicio puede iniciarse en cualquier nodo del dominio. Si un nodo falla, el servicio podrá iniciarse en cualquier otro nodo del dominio.

    - priorized, el servicio se iniciará en el nodo disponible con más prioridad.

- Restringido o No restringido.

    - restricted. El servicio sólo se podrá ejecutar en los nodos indicados.

    - unrestricted. El servicio se podrá iniciar en cualquier nodo del dominio.

- fail-back policy.

    - Cuando un dominio permite fail-back y es ordenado, un nodo con mayor prioridad se (re)une al cluster, los servicios de este dominio serán migrados al nodo con mayor prioridad.

    - Cuando un dominio no permite fail-back, pero es unrestricted, el fail-back de los servicios que están fuera del dominio va a suceder de todas maneras. Es decir, nofailback="1" se ignora si un servicio se ejecuta en un nodo que esta fuera del dominio fail-bak y un nodo de dentro de dicho dominio se une al cluster. Sin embargo, una vez que el servicio está en un nodo dentro del dominio, el servicio se reubica a un nodo de mayor prioridad si este se une al cluster posteriormente.

    - Cuando un dominio no permite fail-back y es restricted, nunca ocurre el fail-back de los servicios.

```
<rm>
    <resources>
        <script file="/etc/init.d/drbd" name="drbd"/>
        <script file="/etc/init.d/clvmd" name="clvmd"/>
        <script file="/etc/init.d/gfs2" name="gfs2"/>
        <script file="/etc/init.d/libvirtd" name="libvirtd"/>
    </resources>
    <failoverdomains>
        <failoverdomain name="only_t426-01" nofailback="1" ordered="0" restricted="1">
            <failoverdomainnode name="t426-01"/>
        </failoverdomain>
        <failoverdomain name="only_t426-03" nofailback="1" ordered="0" restricted="1">
            <failoverdomainnode name="t426-03"/>
        </failoverdomain>
    </failoverdomains>
</rm>
```

- **name**. Nombre del dominio.

- **nofailback="1"**. Indica al cluster que nunca "fail back" el servicio en este dominio. Es redundante al ser dominios de un solo nodo, pero combinado con restricted="0", previene la migración de servicios.

- **ordered="0"**. Redundante en este caso al ser un solo nodo.

- **restricted="1"**. Indica al cluster que no intente reiniciar este servicio en otro nodo del dominio ni fuera del dominio.

E.6 Crear Servicios

```
<rm>
      <resources>
          <script file="/etc/init.d/drbd" name="drbd"/>
          <script file="/etc/init.d/clvmd" name="clvmd"/>
          <script file="/etc/init.d/gfs2" name="gfs2"/>
          <script file="/etc/init.d/libvirtd" name="libvirtd"/>
      </resources>
      <failoverdomains>
          <failoverdomain name="only_t426-01" nofailback="1" ordered="0" restricted="1">
              <failoverdomainnode name="t426-01"/>
          </failoverdomain>
          <failoverdomain name="only_t426-03" nofailback="1" ordered="0" restricted="1">
              <failoverdomainnode name="t426-03"/>
          </failoverdomain>
      </failoverdomains>
      <service name="storage_t426-01" autostart="1" domain="only_t426-01" exclusive="0" recovery="restart">
          <script ref="drbd">
              <script ref="clvmd">
                  <script ref="gfs2">
                      <script ref="libvirtd"/>
                  </script>
              </script>
          </script>
      </service>
      <service name="storage_t426-03" autostart="1" domain="only_t426-03" exclusive="0" recovery="restart">
          <script ref="drbd">
              <script ref="clvmd">
                  <script ref="gfs2">
                      <script ref="libvirtd"/>
                  </script>
              </script>
          </script>
      </service>
</rm>
```

- **name**. Nombre del servicio.

- **autostart="1"**. Cuando arranca el cluster debe iniciar automáticamente el servicio.

- **domain**. El dominio en el que debe ejecutarse el servicio.

- **exclusive="0"**. Indica al cluster que el nodo que esta ejecutando este servicio puede ejecutar otros simultáneamente.

- **recovery="restart"**. El cluster intentará reiniciar el servicio en caso de que falle. Si falla múltiples veces, se deshabilita. El número exacto de reintentos se define en max_restarts y restart_expire_time.

Anexo F

Ceph como sistema de almacenamiento

> *Cuando hablamos de almacenamiento debemos tener presente que no solo importa la capacidad de la que disponemos sino también su integridad, disponibilidad, seguridad y rendimiento de acceso a los datos. Cada uno de estos requerimientos hay que abordarlo independientemente y en algunos de los casos, mejorar uno irá en perjuicio de otro.*

F.1 ¿ Que es Ceph ?

Ceph [4] es un sistema de almacenamiento distribuido altamente escalable bajo licencia GPL. Ceph pretende ser un sistema de archivos completamente distribuido y sin ningún punto de fallo. La replicación usa sistemas tolerantes a fallos para obtener datos libres de errores.

Ceph usa la replicación para obtener redundancia en los datos y mejorar el rendimiento de acceso a los mismos, proporcionando sistemas que garantizan la integridad de todos ellos.

Desde la versión 2.6.34.2, el kernel de Linux incluye soporte a Ceph.

F.2 Como funciona

[8]

Ceph emplea tres tipos de demonios:

- Monitores de clusters **(ceph-mon)**, el Monitor Ceph mantiene un mapeo del estado del cluster, incluyendo el mapeo del monitor y el mapeo del OSD entre otros.

- Servidores de metadatos **(ceph-mds)**, almacenan los metadatos de i-nodos y directorios.

- Dispositivos de Almacenamiento de Objetos **(ceph-osds)**, el demonio Osd de Ceph almacena datos, gestiona su replicación, recuperación y ofrece información de monitorización. Un cluster de almacenamiento Ceph requiere al menos dos Osds. Idealmente, el ceph-osds debería almacenar los datos en un sistema de archivos BTRFS local, pero también pueden utilizarse otros sistemas de archivos.

Todos los demonios funcionan totalmente distribuidos y pueden ejecutarse en el misma red de servidores, mientras los clientes interactuarán directamente contra ellos.

Ceph distribuye los segmentos de los archivos a través de los múltiples nodos para así conseguir un incremento de rendimiento en la lectura de los mismos, de manera similar a como lo hace RAID0, segmenta los datos entre múltiples discos duros. Su balanceo de carga es auto-adaptable por lo cual soporta la frecuencia de acceso a objetos replicándolos sobre más nodos.

La base del cluster de almacenamiento es RADOS (Reliable Autonomic Distributed Object Store).

La interfaz REST se proporciona por Ceph Object Gateway (RGW) y los discos virtuales por Ceph Block Device (RBD).

Ceph usa el algoritmo CRUSH (Controlled Replication Under Scalable Hashing) para distribuir los datos óptimamente en el cluster de almacenamiento, de modo que el algoritmo se encarga de calcular en que nodo y con que demonio OSD se almacenarán los datos. Dicho algoritmo posibilita que el cluster sea escalable, el balanceo de información y la recuperación dinámica de los datos. Además hay que especificar que Ceph solo esta soportado por sistemas operativos basados en el kernel de Linux.

F.3 RAID

Hablamos de RAID (Redundant Array of Independent Disks / conjunto redundante de discos independientes), cuando usamos múltiples unidades de almacenamiento de datos (discos duros) entre los que se distribuyen o replican los datos. Dependiendo de la configuración que usemos vamos a poder obtener mayor integridad, mayor tolerancia a fallos, mayor rendimiento (throughput) o mayor capacidad.

Las configuraciones RAID las podemos realizar software o hardware. Usando configuraciones software vamos a obtener un menor rendimiento, pero no vamos a necesitar invertir nada, ya que el propio sistema nos permitirá configurar y gestionar el RAID. Si vamos a usar configuraciones hardware, cada uno de los parámetros de nuestro sistema dependerá mucho de la controladora hardware que usemos. Cuando estamos hablando de controladoras RAID para servidores que vamos a tener en producción, deberíamos tener presente que deben cumplir una serie de requisitos como disponer de batería de backup para la caché, que tengan una caché considerable y rápida, que admita todas las configuraciones que vamos a necesitar y que tenga control de consistencia e integridad de datos en background. Con todas estas características vamos a obtener cada uno de los beneficios que anteriormente hemos comentado.

F.4 Ceph vs RAID

Hay publicaciones en otros medios [25] comparativas entre Ceph y RAID basadas en la integridad de los datos y en el coste de un sistema u otro. No comparto en absoluto lo comentado en las mismas, ya que cada uno de estos sistemas de almacenamiento están diseñados de manera completamente diferente para realizar funciones muy diferentes entre si.

Por un lado se comenta que Ceph es mucho mejor, dado que realiza un control de integridad de los datos cuando escribe en cada una de las diferentes replicas de las que está compuesto y RAID no realiza ningún tipo de control. Por lo tanto, teniendo en cuenta la cantidad de datos que se manejan y el número de escrituras que se realizan en un sistema continuamente es muy probable que la consistencia de los datos se vea afectada al escribir en los discos que configuran el RAID datos incongruentes.

Esto no es del todo cierto dado que si usamos controladoras RAID "buenas", las que deberíamos usar en entornos de producción, estás llevan controles de integridad y consistencia de los datos, evitando estos problemas que algunas personas atribuyen a las configuraciones RAID.

En otro lugar está el coste. Los sistemas Ceph suelen considerarse más económicos que los RAID.

Si por ejemplo, queremos montar un sistema de almacenamiento replicado con Ceph (3 copias). Vamos a necesitar 3 Servidores con un mínimo de 1 disco por servidor (aunque recomendaría mínimamente 1 para sistema, otro para los datos). Una vez montado el sistema tendremos nuestros datos accesibles en los 3 servidores simultáneamente, pero con una capacidad efectiva de uno de ellos. Por lo tanto, deberían fallar los 3 discos para perder todos los datos.

Si usamos RAID 6 (por ejemplo). Usaremos 1 servidor, con 1 controladora RAID y con un mínimo de 4 discos. Por lo tanto, deberían fallar 3 de los 4 discos para perder todos los datos.

En cuanto a disponibilidad de los datos, vemos que Ceph va un poco por delante, eso si, con un cierto sobre coste al necesitar 3 servidores en vez de 1 solo servidor, como es el caso de RAID.

Y por último, la capacidad de almacenamiento sería mayor en el caso de RAID 6 dado que sería la suma de la capacidad de 2 de los 4 discos, mientras que Ceph solo nos ofrecería la capacidad de uno de los discos.

F.4.1 ¿ Rendimiento ?

No he hecho pruebas de rendimiento de Ceph ni he encontrado nada que me pueda orientar. Pero aplicando un poco de lógica, la teoría que todos conocemos y datos de rendimiento propios de algunos QNAP y otros ofrecidos por compañeros que han usado SAN, podemos darnos cuenta que el rendimiento no va a depender tanto del sistema de almacenamiento que usemos como del hardware sobre el que corran, como pueden ser el tipo de discos SATA, SAS, SSD o la conectividad que ofrezcan 1Gb/s, 10Gb/s...

Eso si, con Ceph vamos a tener la posibilidad de realizar balanceo de carga entre todos los servidores que dispongamos, lo que nos permitirá aumentar considerablemente el rendimiento, al menos en lectura y de manera distribuida. No obstante, no quiere decir en ningún momento que esto no se pueda realizar con ningún otro sistema de almacenamiento.

F.4.2 ¿ Escalabilidad ?

Ambos sistemas son muy escalables, pero en este punto Ceph puede destacar ya que no va a depender de la conectividad entre el hardware que maneja el almacenamiento sino de los servidores que queramos interconectar.

F.4.3 ¿ Bajo Coste ?

[10]

Según la documentación oficial de Ceph los requisitos mínimos son:

CPU

- Demonio MDS (Metadatos). Uso de CPU intensivo, mínimo un quad core o mejor
- Demonio OSD . Uso considerable de CPU, mínimo dual core
- Monitores. Uso normal

Se recomienda que los servicios de uso intensivo estén en hosts diferentes.

RAM

- MDS y Monitores. 1GB por instancia
- OSD's. 500MB por instancia

Por supuesto, nos recomiendan cuanta más memoria mejor.

Almacenamiento

En ciertas operaciones (rebalancing, backfilling y recovery) se necesitan aproximádamente 1GB RAM por cada TB de espacio en los OSD's

El Sistema Operativo y los OSD's deben de estar en diferentes discos, así como los diferentes servicios.

Ejecutar OSD, monitor y metadatos en el mismo disco NO es buena idea.

Para el journal en el OSD se recomienda el uso de discos SSD.

Red

Un mínimo de 2 x 1G/s por servicio, recomendado 10Gb/s.

Hay que tener en cuenta que replicar 1TB en una red a 1Gb/s puede tardar unas 3 horas.

Y se necesitan:

- 2 servidores para montar un sistema de almacenamiento en el cual se ofrecen objetos y dispositivos de bloques.
- 3 servidores si queremos añadir sistema de ficheros tipo nfs o samba (para el servidor de metadatos)

No obstante, tras estudiar estos datos podemos tener claro que Ceph NO es de bajo coste cuando hablamos de infraestructuras pensadas para pequeñas o medianas empresas. Eso sí, cuando más escalemos este sistema, mejor nos saldrá el precio por MB y más rendimiento nos ofrecerá, pero ya estamos hablando de sistemas de almacenamiento pensados para grandes empresas.

Bibliografía

[1] AMD. *AMD-V*. URL: http://sites.amd.com/es/business/it-solutions/virtualization/Pages/amd-v.aspx (visitado 23-01-2015) (vid. pág. 81).

[2] Andrew Beekhof. *Pacemaker Logging*. URL: http://blog.clusterlabs.org/blog/2013/pacemaker-logging/ (visitado 16-05-2015) (vid. pág. 136).

[3] CentOS. *Ciclo de vida de CentOS*. URL: http://wiki.centos.org/FAQ/General#head-fe8a0be91ee3e7dea812e8694491e1dde5b75e6d (visitado 21-04-2015) (vid. pág. 189).

[4] Ceph. *Doc. Oficial Ceph*. URL: http://ceph.com/docs/master/ (visitado 30-06-2015) (vid. pág. 225).

[5] Citrix. *Bring Your Own device*. URL: http://www.citrix.com/solutions/bring-your-own-device/overview.html (visitado 23-01-2015) (vid. pág. 82).

[6] Citrix. *XenApp*. URL: http://www.citrix.es/products/xenapp/overview.html (visitado 23-01-2015) (vid. pág. 81).

[7] Corosync. *The Corosync Cluster Engine*. URL: http://corosync.github.io/corosync/ (visitado 21-04-2015) (vid. págs. 10, 192).

[8] gonzalonazareno.org. *Ceph como sistema de almacenamiento*. URL: http://informatica.gonzalonazareno.org/proyectos/2013-14/fjgv.pdf (visitado 30-06-2015) (vid. pág. 226).

[9] Intel. *Intel VT*. URL: http://www.intel.com/content/www/us/en/embedded/technology/quickassist/virtualization-technology-with-quickassist-technology-app-note.html?wapkw=vt (visitado 23-01-2015) (vid. pág. 81).

[10] jorgedelacruz.es. *Almacenamiento asequible con Ceph*. URL: https://www.jorgedelacruz.es/2014/08/14/zimbra-almacenamiento-asequible-con-ceph/ (visitado 30-06-2015) (vid. pág. 229).

[11] JUJU. *Workload orchestration tool*. URL: https://juju.ubuntu.com/ (visitado 21-04-2015) (vid. pág. 189).

[12] Kernel-based Virtual Machine. *KVM*. URL: http://www.linux-kvm.org/page/Documents (visitado 21-01-2015) (vid. págs. 80, 196).

[13] LINBIT HA-Solutions GmbH. *DRBD*. 2008. URL: http://drbd.linbit.com/ (visitado 19-01-2015) (vid. págs. 56, 194).

[14] MAAS. *Metal as a Service*. URL: https://maas.ubuntu.com/ (visitado 21-04-2015) (vid. pág. 189).

[15] Microsoft. *Microsoft Enterprise Desktop Virtualization (MED-V)*. URL: http://www.microsoft.com/es-es/windows/enterprise/products-and-technologies/mdop/med-v.aspx (visitado 23-01-2015) (vid. pág. 80).

[16] Microsoft. *Microsoft Virtual PC*. URL: http://www.microsoft.com/windows/virtual-pc/default.aspx (visitado 23-01-2015) (vid. pág. 80).

[17] Microsoft. *Windows Server Cluod Platform*. URL: http://www.microsoft.com/es-xl/server-cloud/default.aspx (visitado 23-01-2015) (vid. pág. 80).

[18] Oracle. *VirtualBox*. URL: https://www.virtualbox.org/ (visitado 23-01-2015) (vid. pág. 80).

[19] Pacemaker. *Pacemaker. Scalable High Availability cluster resource manager*. URL: http://clusterlabs.org/ (visitado 21-04-2015) (vid. págs. 8, 11, 193).

[20] Parallels. *OpenVZ Linux Containers*. URL: http://wiki.openvz.org/ (visitado 23-01-2015) (vid. pág. 80).

[21] Parallels. *Parallels Desktop*. URL: http://www.parallels.com/es/products/desktop/ (visitado 23-01-2015) (vid. pág. 80).

[22] RedHat. *Ciclo de vida de Red Hat Enterprise Linux*. URL: https://access.redhat.com/site/support/policy/updates/errata/ (visitado 21-04-2015) (vid. pág. 189).

[23] RedHat. *Etiquetado dispositivos de red en RedHat7*. URL: https://access.redhat.com/documentation/en-US/Red_Hat_Enterprise_Linux/7/html/Networking_Guide/ch-Consistent_Network_Device_Naming.html (visitado 14-04-2015) (vid. pág. 28).

[24] RedHat. *RedHat7. Notas de la versión 7*. URL: https://access.redhat.com/site/documentation/en-US/Red_Hat_Enterprise_Linux/7/html/7.0_Release_Notes/index.html (visitado 21-04-2015) (vid. pág. 190).

[25] RedHat Ceph. *Almacenamiento abierto definido por software*. URL: https://www.redhat.com/es/technologies/storage/ceph (visitado 30-06-2015) (vid. pág. 227).

[26] VMWare. *Virtualización y gestión de infraestructuras*. URL: http://www.vmware.com/es/virtualization/ (visitado 23-01-2015) (vid. pág. 80).

[27] Wikipedia.org. *Logical Partition, LPAR*. URL: http://en.wikipedia.org/wiki/Logical_partition_(virtual_computing_platform) (visitado 23-01-2015) (vid. pág. 81).

[28] Wikipedia.org. *SAS*. URL: http://es.wikipedia.org/wiki/Serial_Attached_SCSI (visitado 20-01-2015) (vid. pág. 59).

[29] Wikipedia.org. *SATA*. URL: http://es.wikipedia.org/wiki/Serial_ATA (visitado 20-01-2015) (vid. pág. 60).

[30] Wikipedia.org. *SSD*. URL: http://es.wikipedia.org/wiki/Dispositivo_de_estado_s%C3%83%C2%B3lido (visitado 20-01-2015) (vid. pág. 60).

[31] Xen Project. *Xen*. URL: http://www.xenproject.org/help/documentation.html (visitado 21-01-2015) (vid. págs. 80, 81).

Índice alfabético

ACPI, 46
al-extents, 208
Alta disponibilidad, 3, 5
AMD-V, 86, 87
Anaconda, 24
authkey, 45, 173

Backups, 120
bonding, 34
Bridge, 95, 169
BTRFS, 232
BYO, 84

CentOS, 19, 29, 195, 223
Ceph, 231
cLVM, 124, 129, 161, 195, 202, 212
CMAN, 41, 197, 223, 225
Colocation, 131
Constraint, 48, 129, 148, 179
Corosync, 10, 195, 199
CRUSH, 232
crypto_cipher, 43, 171
crypto_hash, 43, 171

DAS, 58
Disponibilidad, 3
DLM, 128, 147, 178, 195, 202
DRBD, 58, 69, 128, 155, 159, 178, 185, 196, 200, 205, 211
drbdadm, 78, 79, 167, 205
drbdmeta, 205
drbdsetup, 205
dual-primary, 207

Escalabilidad, 143

Failover, 7

Failover Domains, 226
fence_manual, 49
Fencing, 7, 46, 47, 198, 211
Firewall, 33, 151, 159, 183
firewalld, 33
Full virtualization, 82

GFS2, 66, 70, 124, 127, 177, 186, 192, 195, 201, 211, 224

hacluster, 42, 151
Hawk, 220
Heartbeat, 6
High availability, 3
Hipervisor, 85

Inconsistent, 79, 168, 188
Intel VT-x, 86
IPMI, 46
iptables, 33
iSCSI, 99, 146

Kernel, 69
Kickstart, 24
KVM, 89, 93, 196, 202

LCMC, 220
libvirt, 95, 132, 147, 168, 179, 189
Location, 129
logfile, 45, 173, 192
logrotate, 45, 173, 192
LPAR, 83
Lustre, 66

max-buffers, 209
max-epoch-size, 209
Metadatos, 206
Middleware, 1

MSD, 235

NAS, 58
network-scripts, 31
nmcli, 32
nmtui, 32
no-disk-barrier, 210
no-disk-flushes, 210
ntp, 38
NUMA, 114

OCFS2, 67
OpenAIS, 9
OpenVZ, 89
Order, 130
OSD, 232, 235

Pacemaker, 8, 41, 155, 170, 191, 195, 200, 211
ParaVirtualization, 83
parted, 72, 187
Partial virtualization, 82
PCS, 195
PCSD, 215
Primary, 188
Proxmox VE, 9
Pygui, 220

qcow2, 97
QEMU, 93
Quorum, 8, 43, 45, 174, 197

RADOS, 232
RAID, 233
raw, 97
Repositorio, 72
Rgmanager, 200, 225
RHCS, 9, 196
Rufus, 28

SAN, 57
SAS, 61
SATA, 62
secauth, 42, 43, 171
Secondary, 79, 168, 188
SELinux, 33, 149, 159, 183

Split-Brain, 7, 211
SSD, 62
ssh, 37, 159, 184
Stonith, 46, 174, 202
SVM, 87
syncer, 208
SyncSource, 188

Totem, 52, 195, 199
Tuning, 209
two_node, 43, 171

unplug, 209
UptoDate, 188

VDI, 84
virt-manager, 101, 151
VirtualBox, 89, 91
VMWare, 91
VMware, 89
VT-x, 86

watermark, 209
WFConnection, 79, 168
wheel, 152
win32diskmanager, 28
writeback, 118
writethrough, 118

Xen, 90, 92

www.ingramcontent.com/pod-product-compliance
Lightning Source LLC
Chambersburg PA
CBHW080907170526

45158CB00008B/2026